U0151297

普通高等教育计算机类系列教材

Web 前端技术项目实战教程

主　编　臧　辉　伍红华　张志刚

副主编　刘　凯　卫　锋　袁　涌

参　编　郭衍超　熊　皓　刘志远

本书配有以下教学资源：

☆ 教学课件

☆ 源代码

☆ 试题试卷

机械工业出版社

本书站在初学者的角度，以常用、实用、易懂为原则讲述 Web 知识，通过情境置入、案例分析，详细介绍了 HTML、CSS 及响应式布局等方面的知识和技巧。全书以项目为导向，通过 8 个项目将知识点串联起来，每个项目均会安排制作一个完整的网页页面，这样学生能快速上手，增强学习效果。8 个项目分别为走进 Web 的世界、"个人简介"专题页制作、"旅游网"专题页制作、"宠物相册"专题页制作、"潮流前线"专题页制作、"商贸网信息注册"专题页制作、"大学生服务中心"专题页制作、"菜鸟充电站"响应式页面设计。

本书配有以下资源：书中所有案例的素材、效果文件、源代码、习题、课件等，以利于教师授课，学生练习。

本书既可作为普通高等院校相关专业的网页设计与制作课程的教材，也可作为网页平面设计的培训教材，还可作为网页制作、美工设计、网站开发、网页编程等行业人员的参考用书。

本书配有免费电子课件、源代码及试题试卷，欢迎选用本书作教材的教师登录 www.cmpedu.com 注册下载，或发邮件至 jinacmp@163.com 索取。

图书在版编目（CIP）数据

Web 前端技术项目实战教程/臧辉，伍红华，张志刚主编 . —北京：机械工业出版社，2020.8（2022.6 重印）

普通高等教育计算机类系列教材

ISBN 978-7-111-66261-7

Ⅰ.①W… Ⅱ.①臧…②伍…③张… Ⅲ.①网页制作工具 – 高等学校 – 教材 Ⅳ.①TP393.092.2

中国版本图书馆 CIP 数据核字（2020）第 140489 号

机械工业出版社（北京市百万庄大街 22 号 邮政编码 100037）

策划编辑：吉 玲 责任编辑：吉 玲 张翠翠
责任校对：赵 燕 封面设计：张 静
责任印制：张 博
北京雁林吉兆印刷有限公司印刷
2022 年 6 月第 1 版第 3 次印刷
184mm×260mm · 15 印张 · 371 千字
标准书号：ISBN 978-7-111-66261-7
定价：39.80 元

电话服务 网络服务

客服电话：010-88361066 机 工 官 网：www.cmpbook.com
010-88379833 机 工 官 博：weibo.com/cmp1952
010-68326294 金 书 网：www.golden-book.com
封底无防伪标均为盗版 机工教育服务网：www.cmpedu.com

前　言

　　本书是由长期从事计算机教学的一线教师结合当前计算机教育的发展趋势，专门为刚进入大学的学生编写的。虽然 Web 编程是计算机专业教学的一个重点，但长久以来，计算机专业教学中对网页制作的相关课程重视不够，这导致很多学生在后期的专业学习中不能很好地将数据显示在浏览器中。特别是在大学的后一阶段，如果在消化计算机专业知识时，还必须去了解 Web 前端的页面布局、样式美化，熟悉响应式布局，这会让学习效果大打折扣。因此，把 Web 前端设计知识的学习时间前移，让学生刚进大学就能了解前端知识，会为后面的 Web 编程的专业学习打下基础。

　　本书内容以常用、实用、易懂为原则，未涉及艰涩的、不常用的 Web 知识。我们希望学生能用较少的时间尽快掌握 Web 前端的基础知识。为了达到这一效果，本书在编写的过程中采用置入情境的形式，设定了两个人物，一个是初入大学的张小明同学，一个是某 IT 公司的项目主管王叔叔，通过他们的对话逐步展开对 Web 知识的学习，再通过任务驱动的方式，以项目的形式将知识点串联起来，学完一个项目就能制作一个完整的网站页面，会极大地激发学生的学习兴趣和学习热情，达到学以致用的目的。

　　全书分为 8 个项目，具体介绍如下。

　　● 项目 1 走进 Web 的世界，介绍了 HTML、CSS 以及 JavaScript 的基础知识，包括 Web 基本概念，Photoshop、HBuilder 工具的使用等。

　　● 项目 2 "个人简介" 专题页制作，要求读者掌握 HTML 标签的基础知识，学会制作图文混排页面。

　　● 项目 3 "旅游网" 专题页制作，要求读者掌握 CSS 基础知识，能够运用 CSS 控制页面元素的外观样式。

　　● 项目 4 "宠物相册" 专题页制作，要求读者掌握盒子模型的相关知识，理解块级元素与行内元素，并能够应用盒子模型的概念对页面进行布局。

　　● 项目 5 "潮流前线" 专题页制作，要求读者掌握列表、各种定位方式的相关知识，能够使用定位知识对页面元素进行布局。

　　● 项目 6 "商贸网信息注册" 专题页制作，要求读者掌握表格和表单的相关知识，能够通过控制表单样式美化表单界面。

　　● 项目 7 "大学生服务中心" 专题页制作，要求读者掌握网页的各种布局方式，能够灵活布局网页内容。

　　● 项目 8 "菜鸟充电站" 响应式页面设计，要求学生掌握响应式页面设计的相关知识，了解 Bootstrap 框架的使用，会使用弹性布局，能够利用所学知识设计出响应式页面。

　　本书由臧辉、伍红华进行内容规划和统稿。项目 1 由张志刚与熊皓共同编写，其中熊皓完成了任务 1-3 的内容；项目 2、项目 3 由伍红华与郭衍超共同编写；项目 4、项目 6 由臧辉与郭衍超共同编写，其中郭衍超编写了任务4-7、任务6-7及课后练习；项目5由袁涌编写；项目7由卫锋编写；项目8由刘凯编写。感谢刘志远教授在本书编写过程中给予的大力支持，并参与了全书的策划与审稿，在此致以诚挚的谢意！

虽然我们尽了最大的努力，但由于水平有限，书中难免有疏漏之处，欢迎大家提出宝贵意见，我们将不胜感激。我们的邮箱地址为 wwwjr00@126.com。

编　者

目 录 Contents

◉ 项目 1

走进 Web 的世界

【项目背景】

张小明同学对计算机知识很感兴趣，今年暑假刚参加完高考。他特别想学习网页前端方面的知识，但不知道从哪里开始学，正好爸爸的朋友王叔叔在公司里做项目总监，小明就给王叔叔打电话，请教如何制作网页。王叔叔很高兴地答应指导小明学习计算机知识。

王叔叔说，Web 编程一般分为前后端的学习。网页制作的内容很多，很繁杂。学习过程中遇到困难时要能坚持住，要循序渐进，才能逐步掌握网页制作知识。

要想学好网页制作，先要掌握网页制作的一些基本知识，比如：

- Web 前端工程师需要学习什么语言；
- Web 前端工程师需要掌握什么软件。

【任务 1-1】 了解 Web 基本概念

Web 前端工程师开发的工作流程包括以下一些职位：产品经理、界面设计师、用户体验研究师、前端开发工程师、质量保障工程师、运维（开发）工程师。

Web 前端工程师的工作内容包括：多终端页面设计开发、界面交互、数据交互、用户体验把控、对性能的追求等。

Web 前端工程师需要学习的语言有：HTML、CSS 语言和 JavaScript 语言。

Web 前端工程师需要学习的软件有：用来展示自己作品的浏览器、书写代码的编辑器、处理图形图像的图形软件。

1. Web 基本概念

作为一名前端工程师，要与浏览器沟通交流，就要用到浏览器所能识别的语言。

- HTML（Hypertext Markup Language，超文本标记语言）用来表现页面的结构。
- CSS（Cascading Style Sheet，层叠样式表）用来表现页面的样式。
- JavaScript 语言用来表现页面的行为。

2. HTML：超文本标记语言

HTML 是一种标记语言（Markup Language），而非一般熟知的程序设计语言；它会告诉浏览器该如何呈现网页，单纯简易或是极其复杂的页面都没问题。HTML 包含了一系列的元素（Element），而元素包含了标签（Tag）与内容（Content），人们用标签来控制内容的呈现形式，如字体大小、斜体、粗体，在文字或图片设置超链接等。

HTML 发展至今经历了 6 个版本，这个过程中新增了许多 HTML 标记，同时也淘汰了一些标记，其具体历程如下：

- 超文本标记语言——1993 年 6 月由 IETF 工作小组发布草案。
- HTML 2.0——1995 年 11 月作为 RFC1886 发布，于 2000 年 6 月在 RFC2854 被宣布已经过时。
- HTML 3.2——1997 年 1 月，由 W3C 推荐为标准规范。
- HTML 4.0——1997 年 12 月，由 W3C 推荐为标准规范。
- HTML 4.01——1999 年 12 月，以 XML 语法重新构建，较为严格，由 W3C 推荐为标准。
- HTML 5.0——2014 年 10 月，W3C 正式发布 HTML 5.0 推荐标准。

HTML 文档以＜！DOCTYPE html＞开头。＜！DOCTYPE html＞告诉浏览器这是一个 HTML文档。＜html＞和＜/html＞标签之间的内容标记网页内容。＜head＞和＜/head＞标签用于定义文档的头部，它是所有头部元素的容器。＜head＞和＜/head＞之间的元素可以引用脚本、指示浏览器在哪里找到样式表、提供元信息等。文档的头部描述了文档的各种属性和信息，包括文档的标题、在 Web 中的位置以及和其他文档的关系等。绝大多数文档头部包含的数据都不会真正作为内容显示给读者。＜body＞和＜/body＞标签之间的内容为可见的网页内容。

声明文档类型：＜！DOCTYPE html＞

标签：标签对＜body＞＜/body＞、单标签 ＜meta charset = "UTF-8"/＞。

标签嵌套结构：父子级嵌套、兄弟级并列。

div 块内容标签：＜div＞标签内容＜/div＞。

注释：＜！--注释是给读者看的--＞。

HTML 示例如图 1-1 所示。

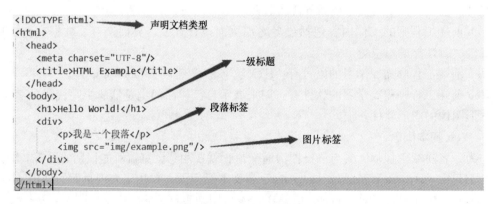

图 1-1　HTML 示例

3. CSS：层叠样式表

CSS（Cascading Style Sheet）可用来制定网页的样式及排版，例如，要改变内容中的字型、颜色、字体大小与间距，将网页设置成多栏样式，或新增动画及其他装饰。CSS 最重要的目标是将文件的内容与它的显示分隔开来。在 CSS 出现前，几乎所有的 HTML 文件内都包含文件显示的信息，比如字体的颜色、背景、排列方式、边缘、连线等都必须一一在

HTML文件内列出，有时是重复列出。CSS 使开发者可以将这些信息中的大部分隔离出来，简化 HTML 文件。这些信息被放在一个辅助的、用 CSS 语言写的文件中。HTML 文件中只包含结构和内容信息，CSS 文件中只包含样式信息。

1996 年 12 月，W3C 发布了第一个有关样式的标准 CSS1，又在 1998 年 5 月发布了 CSS2。目前使用的是最新版本的 CSS3。

CSS 非常灵活，将 CSS 应用于 HTML 文档有 3 种不同的方法：

外部样式表——将 CSS 写入带 .css 扩展名的单独文件中，并从 HTML 的 < link > 元素引用它。

内部样式表——将 CSS 样式写在 < style > 标签内，< style > 包含在 HTML 的 < head > 中。

内联样式——将 CSS 样式包含在标签的 style 属性中，但这对后期维护来说非常糟糕，不推荐此写法。

CSS 由多组"规则"组成，如图 1-2 所示。每个规则都由"选择器"（Selector）、"属性"（Property）和"值"（Value）组成。

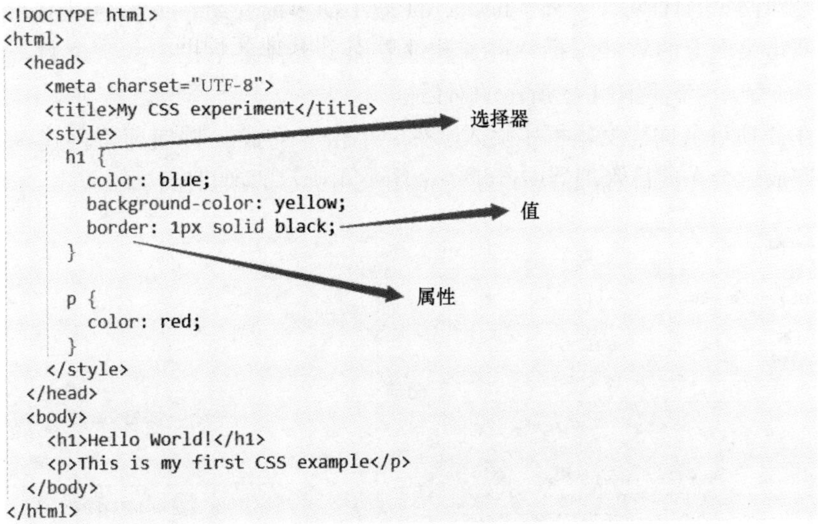

```
<!DOCTYPE html>
<html>
 <head>
  <meta charset="UTF-8">
  <title>My CSS experiment</title>      → 选择器
  <style>
   h1 {
     color: blue;
     background-color: yellow;
     border: 1px solid black;          → 值
   }

   p {
     color: red;                        → 属性
   }
  </style>
 </head>
 <body>
  <h1>Hello World!</h1>
  <p>This is my first CSS example</p>
 </body>
</html>
```

图 1-2   CSS 的组成

选择器（Selector）：多个选择器可以用半角逗号（,）隔开。

属性（Property）：CSS1、CSS2、CSS3 规定了许多的属性，目的在于控制选择器的样式。

值（Value）：指属性接收的设置值，多个关键字之间大都以空格隔开。

4. JavaScript：脚本语言（行为）

JavaScript 是非常流行的脚本语言，因为人们在计算机、手机、平板计算机上浏览的所有网页，以及无数基于 HTML5 的手机 APP，其交互逻辑都是由 JavaScript 驱动的。在网站建设中，HTML 用于搭建页面结构，CSS 用于设置页面样式，而 JavaScript 则用于为页面添加动态效果。

JavaScript 代码可以嵌入 HTML 中，也可以创建 .js 外部文件。通过 JavaScript 可以实现网页常见的下拉菜单、Tab 栏、焦点图轮播等动态效果。

【任务1-2】 掌握前端开发工具：代码编辑器（HBuilder）

HBuilder 代码编辑器是 DCloud 推出的一款支持 HTML5 的 Web 集成开发环境软件。HBuilder 软件通过完整的语法提示和代码输入法、代码块等，大幅提升 HTML、CSS、JavaScript语言的开发效率。同时，它还包括最全面的语法库和浏览器兼容性数据。HBuilder 的快捷键是有规律的，虽然与其他软件不同，但是记忆几条快捷键语法，就能记住大多数快捷键。Alt 键是跳转，Shift 键是转义，Ctrl 键是操作。比如 Alt + 括号、Alt + 引号，即转到对应的符号。Shift + Enter 是 < br/ >。Ctrl + D 组合键可删除行，Ctrl + F2 组合键可重构命名。

Ctrl + 某字母的快捷键与 Ctrl + Shift + 相同字母，大多代表相反意义，如 Ctrl + P 和 Ctrl + Shift + P，分别表示开启和关闭边改边看模式。

HBuilder 继承 Windows 的所有标准快捷键。比如 Tab 键和 Shift + Tab 组合键表示缩进与反缩进，Ctrl + 左右光标键表示跳转一个单词。

前面已经对网页、HTML、CSS、JavaScript 做了简单的介绍，下面通过 HBuilder 创建第一个网页。双击桌面上的软件图标，进入软件界面。选择菜单栏中的 "文件">"新建">"Web 项目"命令，会出现图 1-3 所示的对话框。

这时，在"项目名称"文本框中输入名称，单击"完成"按钮即可创建一个空的 Web 项目。创建完成后会在项目管理器中产生一个图 1-4 所示的项目结构。

图 1-3 "创建 Web 项目"对话框

图 1-4 项目结构

双击 index. html 即可编辑，在界面右上角选择"开发视图"，将其模式更改为"边改边看模式"，如图 1-5 所示。

在 index. html 文件中写入如下代码：

```
1. <! DOCTYPE html >
2. <html >
3. <head >
4.     <meta charset = "UTF-8"/>
```

```
5.    <title>My CSS example</title>
6.  </head>
7.  <style type="text/css">
8.    h1
9.    {
10.       color:blue;
11.       background-color:yellow;
12.       border:1px solid black;
13.    }
14. </style>
15. <body>
16.    <h1>Hello World! </h1>
17.    <p>This is my first CSS example</p>
18. </body>
19. </html>
```

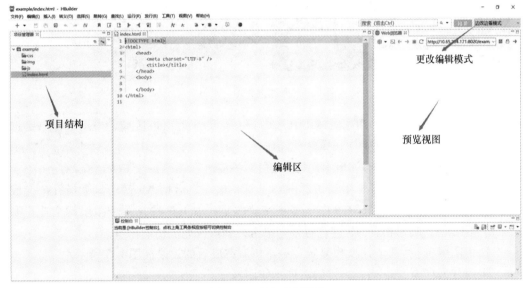

图 1-5　项目开发视图

保存后，可以看到预览视图已经呈现出所写的第一个网页的效果，如图 1-6 所示。

图 1-6　所写的第一个网页效果

【任务1-3】 图像处理工具（Photoshop）

Photoshop 是 Adobe 公司旗下最为出名的图像处理软件之一。它提供了灵活便捷的图像制作工具和强大的像素编辑功能，被广泛应用于数码照片后期处理、平面设计、网页设计及 UI 设计等领域。

开发案例：海底世界。具体步骤如下：

1）打开 Photoshop 并载入 4 张素材图片，如图 1-7 所示。

图 1-7　海底世界图片素材

2）把珊瑚礁当作背景，利用魔棒工具选中第一张图片的白色区域，再用鼠标右键选择"反向"，复制并粘贴到珊瑚礁中，重复此操作。

3）选中右侧的图层 1，按 Ctrl + T 组合键可对图层进行调整，按 Enter 键保存。

4）要多生成几条鱼，需要用到仿制图章工具，单击之后按 Alt 键，鼠标指针会变成十字圆心，按住鼠标左键不放选取图片（需要注意的是，右下角选择哪个图层就会选择哪个图层来仿制图章），然后松开 Alt 键在背景中单击，就可以完成仿制图章。

5）选中图层 3，按照上述操作复制一条小鱼。完成后的效果如图 1-8 所示。

6）将图片另存为 . jpg 格式，供网页展示使用。

图 1-8　海底世界效果图

【项目总结】

本章简单介绍了网页制作的一些基本知识。Web 前端工程师需要学习的语言有 HTML、CSS 语言和 JavaScript 语言。HTML（Hypertext Markup Language，超文本标记语言）用来表现页面的结构；CSS（Cascading Style Sheets，层叠样式表）用来表现页面的样式；JavaScript 语言用来表现页面的行为。

【课后练习】

一、填空题

1. HTML（Hypertext Markup Language，超文本标记语言）用来表现页面的_____。
2. CSS（Cascading Style Sheets，层叠样式表）用来表现页面的_____。
3. JavaScript 语言用来表现页面的_____。

二、简答题

1. 网页制作有哪些软件？
2. 请简述网页制作的流程。

◉项目 2

"个人简介"专题页制作

【项目背景】

张小明通过一段时间的学习基本掌握了图片处理的技巧，并且学会了 HBuilder 软件的用法。这时的小明特别想利用自己学习的知识做一个漂亮的网页，但他不知道怎么才能做好一个网页。

张小明先要掌握网页制作的一些基本知识，比如：

- 掌握 HTML 网页文档的基本知识及语法。
- 掌握简单的网页制作方法。
- 学会使用段落、文本标签来设置文本样式。
- 掌握使用特殊字符的表示方法。
- 学会使用超文本标签和锚来进行跳转。

当掌握了这些知识后，就可以做一个实际的项目了。比如可以做一个个人简介的网页，将来找工作时可以使用。

本项目的网页效果如图 2-1 所示。

图 2-1 "个人简介"整体效果图

【任务 2-1】 学习 HTML 基本概念

HTML 是标记符号与代码的集合。这些符号或代码放在文件里，最终显示在网页上。它们主要用来描述网页中的文本与多媒体信息。HTML 文档内容的显示与平台无关，使用任何一种计算机系统制作出来的网页在任何一种操作系统的浏览器中都能显示出来。

任何一个网页文件都会包含 <html>、<head>、<body> 等标签。下面介绍这几种标签。

1. HTML 标签

标签是独立的标记代码，也称为元素。不同的标签其作用是不相同的。标签包括一对尖括号，如 <a>，是一个超链接标签，它的作用就是从一个页面链接到另一个页面。

绝大多数的标签都是成对出现的，它们有一个开始标签和一个结束标签。如 " <a>、</a>" 就是一对成对的标签，注意结束标签的左边是 "</"。有的标签是单独使用的，它们不成对，如
，它的作用是在文档中插入换行符，表示换行。这个标签就是单标签，它单独使用，没有与之成对的标签。

大部分标签都有自己的属性，用户可以进行一些特定的设置，用来提供标签的附加信息。

（1）双标签的语法

> <标签名>内容</标签名>

在上述语法中，" <标签名>" 表示一个标签的作用范围的开始，" </标签名>" 表示一个标签的作用范围的结束。每个标签都有自己特定的含义，它作用的范围就是它所包裹的内容。该内容按照标签特定的含义在浏览器上做相应的处理。例如如下代码：

> <h2>新闻早知道</h2>

其中，<h2> 表示标签的开始，而 </h2> 表示标签的结束。它们所包裹的内容 "新闻早知道"，就按照标签的含义显示在浏览器窗口上，那就是 "新闻早知道" 这行文字按标题 2 的字体及字号显示在窗口中。

（2）单标签的语法

单标签是自包含的，其语法是：

> <标签名/>

例如，<hr/> 就是一个单标签，它的作用是在 HTML 页面中创建一条水平线。

（3）标签的属性

标签一般会带有若干个属性，属性可用来对元素的特征进行具体描述。属性只能放在开始标签中，属性和属性之间用空格隔开。属性包括属性名和属性值，有时也称为键值对，它们之间用 " =" 分开，如下所示：

> <img src="chap02.jpg" alt="章节图标"/>

其中，img 标签就有一个属性键值对 src = " chap02. jpg"，src 表示属性名（键），"chap02. jpg" 表示属性值（值），它们之间用 " =" 来分开。如果标签有多个属性，那么在属性与属性之间有一个空格。

注意：属性只能放在开始标签中，不能放在结束标签中。

2. 文档类型定义

当在 HBuilder 中新建一个 HTML 文档时，系统会生成一个基本的 HTML 文档，比如如下代码：

```
1. <! DOCTYPE html >
2. <html >
3.    <head >
4.        <meta charset = "UTF-8" >
5.        <title > </title >
6.    </head >
7.    <body >
8.    </body >
9. </html >
```

第一行中的 <!DOCTYPE > 声明不是 HTML 标签，它是指示 Web 浏览器关于页面使用哪个 HTML 版本进行编写的指令。因为存在很多版本与类型的 HTML 和 XHTML，所以 W3C 建议在网页文档里面指定标记语言的类型，这时就要用到文档类型定义（Document Type Definition，DTD）。DTD 指明了文档中所包含的 HTML 版本。浏览器与 HTML 代码校验器在处理网页时就可使用 DTD 里的信息。网页文档里的第一行就是 DTD 语句，通常称作文档类型语句（Doctype）。HTML5 的 DTD 如下：

```
<!DOCTYPE html >
```

在 HTML 4.01 中，<! DOCTYPE > 声明引用 DTD，因为 HTML 4.01 基于 SGML。DTD 规定了标记语言的规则，这样浏览器才能正确地呈现内容。HTML5 不基于 SGML，所以不需要引用 DTD。

3. HTML 文档头部相关标签

HTML 标签的目的是指明该文档是 HTML 格式。该标签告诉浏览器怎样解释这个文档。开始的 <html > 标签放置在 DTD 的下一行。结束的 </html > 标签指明网页的结束位置，它放置在文档中所有的 HTML 元素之后。

HTML 文档分为两个部分：头部与主体。头部和主体分别使用标签 <head >、<body >。文档的头部包含描述网页文档的信息。主体部分包含实际的标签、文件、图像以及多媒体标签等，这部分内容会显示在浏览器的主窗体中。

（1）头部（Head）

文档的头部以 <head > 标签开头，以 </head > 标签结尾。在 <head > 标签中至少要包含两种其他的标签：<title > </title > 标签和 <meta > 标签。

头部的第一种标签是 <title > </title >，它配置了在浏览器窗口标题栏显示的文本。文本包含在 <title > 和 </title > 标签之间，称为网页标题，这个标题的内容会显示在浏览器网页的标签栏上。它是描述性质的，一般包含网页的主题信息或者公司的名称等相关信息。

另一个标签 <meta > 描述网页的特性，如字符集。学符集是网页文档或其他文件中字母、数字和符号的内部表述，它们存储在计算机上，可以在网上传输。存在许多不同的字符集，一般默认会使用 UTF-8，该字符集是 Unicoede 的一种形式。<meta > 标签并不成对使用。下面是一个 <meta > 标签的示例：

```
<meta charset = "UTF-8">
```

　　<head>标签还可以包含其他的标签。如<link>，它主要用于引用外部的文件。因为一个页面往往需要多个外部的文件配合，在<head>标签中就使用<link>来引用外部文件。一个网页可以使用多个<link>标签来引用多个外部文件。比如如下代码：

```
1.  <link rel = "stylesheet" href = "./css/frame/jquery.mobile-1.3.0.min.css">
2.  <link rel = "stylesheet" href = "./css/frame/styles.css" rel = "stylesheet"/>
3.  <link rel = "stylesheet" href = "./css/global.css">
```

　　这里使用了 3 个<link>标签来引用外部的 3 个 CSS 文件，它们是 jquery. mobile-1. 3. 0. min. css、styles. css、global. css。

　　另外还有内嵌样式标签<style>，它主要定义 HTML 文档的样式信息。当使用<style>标签时，常常定义其属性 type = "text/css"，表示使用内嵌的 CSS 样式。

　　(2) 主体（Body）

　　主体（Body）包含的文本和元素会直接显示在浏览器的窗口上。它以<body>标签开头，以</body>标签结尾。在主体部分输入一段文字，那么就直接显示在浏览器的窗口上。示例代码如下：

```
1.  <! DOCTYPE html>
2.  <html>
3.   <head>
4.    <meta charset = "UTF-8">
5.    <title>Hello,html! </title>
6.   </head>
7.   <body>
8.      这是我的第一个网页文档。
9.      你好,HTML!
10.  </body>
11. </html>
```

　　浏览器显示效果如图 2-2 所示。

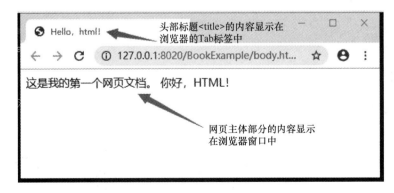

图 2-2　浏览器显示的网页文档

【任务2-2】 学习 HTML 文本控制标签

要在网页中添加文本和图像等网页元素，只要在 HTML 代码中插入对应的 HTML 标记，并设置属性和内容即可。

1. 标题标签

标题标签是具有语义的标记，它指明标签内的内容是一个标题。有 6 种级别的标题，为 < h1 > ~ < h6 >，数字越大，字体越小。包含在标题元素里的文本，被浏览器当作一个文本块，其上与其下都有空白区。< h1 > 标签的级别最大，< h6 > 标签的级别最小，所有包含在标题标签里的文本都将被加粗显示。下面是一段包含标题标签的代码：

```
1. <!DOCTYPE html >
2. <html >
3.   <head >
4.     <meta charset = "UTF-8" >
5.     <title >标题示例</title >
6.   </head >
7.   <body >
8.     <h1 >标题1</h1 >
9.     <h2 >标题2</h2 >
10.    <h3 >标题3</h3 >
11.    <h4 >标题4</h4 >
12.    <h5 >标题5</h5 >
13.    <h6 >标题6</h6 >
14.   </body >
15. </html >
```

在浏览器中的显示效果如图 2-3 所示。

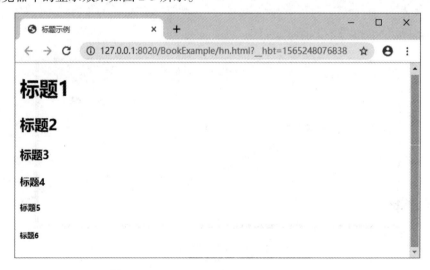

图 2-3　标题标签的显示效果

从显示的网页内容可以发现，标题都被加粗了，并且块文本的上下都有空白区域。由此可以看出，合理设置标题标签，可以使网页更容易被访问，也更容易被阅读。

利用标题标签来突出网页内容结构，是一种优秀的编码实践，通过恰当地添加不同级别的标题标签，如 < h1 >、< h2 >、< h3 > 等，将页面划分为不同层次的区域，然后添加段落、列表等来显示网页内容，以便于用户关注自己感兴趣的主题。如果页面组织良好，就能让访问网站的用户有更佳的使用体验。下面我们来动手实践。

打开 Hbuilder 软件，选择"文件">"新建">"Web 项目"命令，在弹出的"创建 Web 项目"对话框中填写好项目名称 chapter02，选择好项目存放的位置，其他选择默认，单击"完成"按钮即可创建项目。

在项目管理器的左侧区域右键单击项目名 chapter02，在弹出的快捷菜单中选择"新建">"HTML 文件"命令，在打开的对话框中设置文件名为 heading. html，单击"完成"按钮。项目目录结构如图 2-4 所示。

在右边的编辑窗口输入如下代码：

图 2-4 chapter02 的项目目录结构

```html
1.  <!DOCTYPE html >
2.  <html >
3.  <head >
4.    <meta charset ="UTF-8" >
5.    <title ></title >
6.  </head >
7.  <body >
8.    <h1 align ="center" >第一章 HTML 基础</h1 >
9.    <h2 >1.1 HTML 概览</h2 >
10.   HTML 是标记符号与代码的集合。这些符号或代码放在文件里,最终显示在网页上。
11.   它们主要用来描述网页中的文本与多媒体信息。
12.   HTML 文档内容的显示与平台无关,任何一种计算机系统创建出来的网页。
13.   在任何一种操作系统的浏览器中都能把它显示出来。
14.    <h2 >1.2 HTML 标签</h2 >
15.   标签是一个独立的标记代码,也称为元素。不同的标签它的作用也不相同。
16.   标签包括一对尖括号,即"<"和">"。如 <a >,就是一个标签。
17.    <h3 >1.2.1 标题元素</h3 >
18.   标题标签是具有语义的标记,它指明标签内的内容是一个标题,有 6 种级别的标题,从 <h1 > ~ <h6 >。数字越大,字体越小。
19.  包含在标题元素里的文本,被浏览器当作一个文本块,其上与其下都有空白区。<h1 >标签的级别最大,<h6 >标签的级别最小,所有包含在标题标签里的文本都将被加粗显示。
20.   </body >
21. </html >
```

单击文件中的"保存"按钮，代码即被保存在项目中。然后单击工具栏上的"在浏览器上运行"按钮 ，即可在浏览器中测试该网页。

浏览器显示效果如图2-5所示。

图 2-5　利用标题标签组织网页排版的效果

2. 段落标签

段落标签用来将文本的句子和章节组合在一起。每一个段落文本结束之后将换行显示。段落与段落之间有大约一行的间距，也就是大约有一行的空白。示例代码如下：

```
1.  <!DOCTYPE html >
2.  <html >
3.  <head >
4.      <meta charset = "UTF-8" >
5.      <title >段落示例 </title >
6.  </head >
7.  <body >
8.      <p >
9.          第一段文字。
10.     </p >
11.     <p >
12.         第二段文字。
13.     </p >
14.     <p >
15.         第三段文字。
16.     </p >
17. </body >
18. </html >
```

**3. 换行标签
**

 是强制换行标签，如果希望文本在浏览器中换行，可在要换行处插入
 标

签。换行标签
不会产生一行的空隙。添加换行标签后，浏览器会先换行，再显示页面上的下一个元素或文本部分。换行标签不像别的标签那样由开始标签和结束标签组成，它是独立使用的，是单标签。示例代码如下：

```
1.  <!DOCTYPE html >
2.  <html >
3.   <head >
4.      <meta charset = "UTF-8" >
5.      <title>换行标签示例</title >
6.   </head >
7.   <body >
8,      <p >
9.          第一段文字。
10.     </p >
11.     <p >
12.         第二段文字。<br/>下面是换行开始,换行标签不会产生一行的空隙。
13.     </p >
14.     <p >
15.         第三段文字。
16.     </p >
17.  </body >
18.
19. </html >
```

浏览器显示效果如图2-6所示。

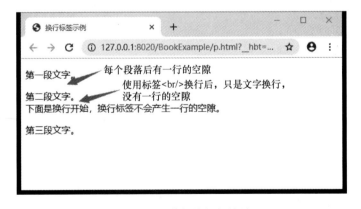

图2-6　段落与换行的效果

由图2-6可以看到每个段落后都有一行的空隙。但是在图2-6的第二段文字与第三段文字之间是使用换行标签产生的换行，之间没有一行的空隙。

4. 水平线标签

在网页中常常看到一些水平线将段落隔开，使得文档层次分明。这些水平线可以通过插入图片实现，也可以通过标签来定义。<hr/>就是创建水平线的标签。<hr/>是单标签，在网页中输入一个<hr/>，就添加了一条默认样式的水平线。示例代码如下：

```
1.  <!DOCTYPE html >
2.  <html >
3.   <head >
4.     <meta charset = "UTF-8" >
5.     <title > </title >
6.   </head >
7.   <body >
8.     <p >
9.     这是一个段落文字。与第二段落之间有一条水平分隔线,是使用 <hr/> 标签产生的。
10.    </p >
11.    <hr/>
12.    <p >
13.    第二段落文字。 <br/> 下面是换行开始,换行标签不会产生一行的空隙。
14.    </p >
15.   </body >
16. </html >
```

浏览器显示效果如图 2-7 所示。

从图 2-7 中可以看出,网页中间有一条水平分隔线,这正是 <hr/> 标签产生的效果。因此在网页文档中,如果想将显示的内容进行区分,可以采用标签 <hr/> 来达到效果。

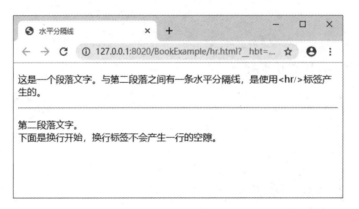

图 2-7　水平线标签的效果

其实只要运行得当,采用这些简单的标签,就能很好地组织网页内容。下面是体育报道的内容,通过 <h>、<p>、<hr/>、
 标签就能组织好该报道内容。

打开 Hbuilder 软件,在项目管理器的左侧区域使用鼠标右键单击项目名 chapter02,在弹出的快捷菜单中选择"新建">"HTML 文件"命令,在打开的对话框中设置文件名为 sport. html,单击"完成"按钮。在右边的编辑窗口输入如下代码:

```
1.  <!DOCTYPE html >
2.  <html >
3.    <head >
```

```
4.        < meta charset = "UTF-8" >
5.        < title >2022 北京冬奥会 </title >
6.     </head >
7.     < body >
8.        <h2 >北京奥运 11 周年:在镌刻的时光里迎接下一轮朝阳 </h2 >
9.         2019 年 08 月 08 日 16:35   来源:中国新闻网
10.        <hr/>
11.        < p >中新网客户端北京 8 月 8 日电(王思硕) 时间的长河在朝夕间流转,回望北京奥
运会,竟已过了 11 个年头。
12.        2008 年 8 月 8 日 20 点 08 分,中国在世界面前奉献了一场壮阔的奥运开幕式。
<br/>彼时北京鸟巢烟花绚烂、鼓炮齐鸣,
13.        那片夜空,连同 11 年前奥运赛场的点滴瞬间,被一并镌刻在历史的画卷。</p >
14.        < p >转眼间,2022 北京冬奥会脚步声由远及近,中国体坛已经准备着迎接下一轮朝
阳。</p >
15.     </body >
16. </html >
```

浏览器显示效果如图 2-8 所示。

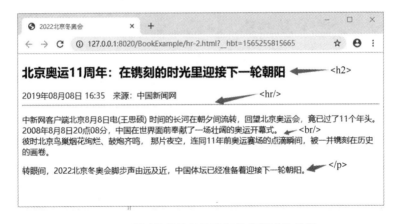

图 2-8　利用简单的标签进行体育报道的排版

从代码可以看出,用 < h2 > 标签来组织体育报道的标题,用 < hr/> 标签来分隔标题与
报道内容,用 </p > 标签来对报道内容进行分段,用 < br/> 标签来进行换行处理。每段开
始应该空两格,但是最终的网页并没有显示空两格的效果,这涉及特殊字符标签的应用,在
稍后的章节中会提到。

如果要进一步处理文本内容,可以加上一些文本样式处理的标签。下面就来了解一下相
关的样式标签。

5. 文本样式标签 < font >

< font > 规定文本的字体、字体尺寸、字体颜色。基本语法如下:

```
< font size =n face =charnames color = #n >
```

文本样式控制是通过属性的设置来实现的,其属性如表 2-1 所示。

表2-1　标签的相关属性

属性	使用功能
face	控制文本使用的字体。如果不存在对应字体，则使用默认字体
size	控制文本的大小，其值可为1~7，默认值为3
color	控制文本的颜色

如果要设定5号蓝色隶书文本，则相应代码为：

```
1. <font size="5"face="隶书"color="#0000ff">
2.    5号蓝色隶书
3. </font>
```

浏览器显示效果如图2-9所示。

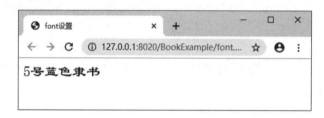

图2-9　文本样式标签效果

size表示设定文本字体大小。有两种表示方法：一种是设定n值，$n=1~7$，如size=5；另一种方法是采用相对数值，就是在基准字体大小的基础上增减字体的大小，如size=+1，表示加大一号。

face表示设定文本字体，如face="楷体"，表示设定文本为楷体。

color表示设定文本颜色，可以通过直接设定颜色名称或用十六进制数表示。其中，"#nnnnnn"代表6位十六进制数，每两位的取值是00~FF，分别代表红色、绿色、蓝色的深浅，如color="red"或color="#ff0000"。

所有的主流浏览器都支持<font>标签。但建议使用样式来代替<font>定义文本的字体、字体颜色、字体尺寸。

6. 文本格式化标签

在文档中要突出文本的字体效果，需要设置粗体、斜体、下画线等效果。常用的文本格式化标签如表2-2所示。

表2-2　文本格式化标签

标签	显示效果
<b></b>和<strong></strong>	文字以粗体方式显示
<i></i>和<em></em>	文字以斜体方式显示
<s></s>和<del></del>	文字以加删除线方式显示
<u></u>和<ins></ins>	文字以加下画线方式显示
	文字以上标文本方式显示
	文字以下标文本方式显示

下面通过一个示例来显示文本格式化标签的效果，代码如下：

```
1.  <!DOCTYPE html >
2.  <html >
3.    <head >
4.        <meta charset = "UTF-8" >
5.        <title >文本格式化标签的使用</title >
6.    </head >
7.    <body >
8.        <p >这是正常显示的文本,下面是格式化后的文本。</p >
9.        <p ><b >可以使用 b 标签加粗文本</b >,<strong >推荐使用 strong 来加粗文本</strong ></p >
10.       <p ><i >可以使用 i 标签倾斜文本</i >,<em >推荐使用 em 来加粗文本</em ></p >
11.       <p ><u >可以使用 u 标签加下画线方式显示</u >,<ins >推荐使用 ins 来加粗文本</ins ></p >
12.       <p ><s >可以使用 s 标签删除文本</s >,<del >推荐使用 del 来删除文本</del ></p >
13.       <p > <sub >标签用于定义下标文本。下标文本(subscript text)在基线以下按正常文本高度的一半来显示。下标文本在表达化学公式、数学公式时很有用,比如 H <sub >2</sub >O。</p >
14. <p > <sup >标签用于定义上标文本。上标文本(superscript text)在基线以上按正常文本高度的一半来显示。上标文本在表达脚注时很有用,比如 WWW <sup >[1]</sup >。</p >
15.    </body >
16. </html >
```

浏览器显示效果如图 2-10 所示。

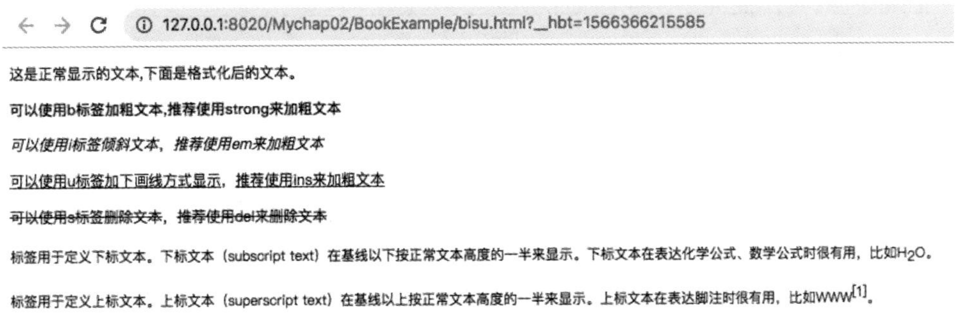

图 2-10 文本格式化标签的效果

7. 特殊字符标签

在 HTML 文档中可能要输入一些如 "＜" "＞" "；" 等的符号，而这些符号在 HTML 中有特殊的含义。为了避免混淆，采用特别的标示方法来表示对应的字符。比如，用 "&lt ;" 表示字符 "＜"，用 " ;" 来表示空格等。一些特殊字符的转换如表 2-3 所示。

表2-3　特殊字符转换表

特殊或专用字符	数字代码	字符代码
<	&#60 ;	&lt ;
>	&#62 ;	&gt
&	&#38 ;	&amp ;
"	&#34 ;	&quot ;
!	&#33 ;	
©	&#169 ;	&copy ;
;	&#59 ;	
®	&#174 ;	&reg ;
空格		;

特别要注意，在 HTML 文件中，无论输入多少个空格，都将被视为一个空格，如果要生成空格，必须用字符代码" ;"来产生空格。

8. 超文本链接标签

HTML 文件中最重要的应用之一就是超链接。如果在网页上使用超链接，则可以给用户提供链接到网络上其他网页的功能。当用户单击网页中的超链接后，浏览器便会浏览该超链接所指向位置的网页。

在 HTML 文件中，建立超链接的标签为 <a> 和 </a>，其中 <a> 表示超链接的开始标签，</a> 表示结束标签。

其基本语法格式：

> <a href ="链接位置"　target = "窗口名称">超链接名称</a>

每一个链接都有一个目标属性（target）。设置不同的目标属性可以使链接的页面在不同的窗口中显示，<a> 标签的常用属性与说明如表2-4所示。

表2-4　<a>标签的常用属性与说明

属性	值	描述
href	URL	链接指向的页面 URL
target	_ blank _ parent _ self _ top _ framename	说明在何处打开链接文档

其中，target 属性有多个值可以供选择，值_ blank 表示使链接的页面在新窗口中打开；值_ parent表示在父框架集中打开被链接文档；值_ self 为默认值，表示使链接的页面在当前框架中打开，取代当前框架中的内容；值_ top 表示在整个窗口中打开被链接文档；_ framename 表示在指定名称的框架中打开被链接文档。

9. 电子邮件链接

可以通过 <a> 标签来创建电子邮件链接，方法是在链接位置使用电子邮件协议。下面是基本的用法：

```
<a
   href="mailto:abc@abc.com? cc=someone@126.com&bcc=someone2@163.com&subject=邮
件标题 &body=邮件正文">电子邮件链接示例</a>
```

代码中指定了邮件的接收人 mailto, 抄送 cc, 暗送 bcc, 邮件主题 subject 和邮件正文 body。如果正文中需要换行, 可以使用换行符号%0d%0a。

下面通过<a>标签创建超文本链接、图片链接、电子邮件链接, 并下载链接。

打开 Hbuilder 软件, 在项目管理器的左侧区域使用鼠标右键单击项目名 chapter02, 在弹出的快捷菜单中选择"新建">"HTML 文件"命令, 在打开的对话框中设置文件名为 mailto.html, 单击"完成"按钮。在右边的编辑窗口输入如下代码:

```
1.  <html>
2.    <head>
3.      <meta charset="UTF_8">
4.      <title>超链接示例</title>
5.    </head>
6.    <body>
7.      <p>文本跳转</p>
8.      <a href="http://www.baidu.com">跳转到百度</a>
9.      <p>使用图片来作为链接</p>
10.     <a href="http://www.baidu.com">
11.       <img src="../img/mail1.png">
12.     </a>
13.     <p>下载链接</p>
14.     <a href="img/西海情歌.mp3">西海情歌</a>
15.     <p>创建电子邮件链接</p>
16.     <a>  </a>
17.     <a href="mailto:admin@hbpu.edu.cn? cc=manage@hbpu.edu.cn& sub-
ject=咨询数据服务器 &body=阿里您好,
18.         %0d%0a我是阿里用户,我想要咨询一下,你们的服务器有没有打折优惠? 如果有
优惠活动,请及时与我联系,谢谢了。">联系我们</a>
19.     </body>
20.  </html>
```

浏览器显示效果如图 2-11 所示。

代码第 8 行创建的是超文本跳转链接, 代码第 10~12 行创建的是图片跳转链接, 第 14 行代码创建的是下载链接, 第 17~18 行代码创建的是电子邮件链接。

10. DIV 标签

DIV 标签, 没有实际的显示效果, 它主要用来定义网页上的一个特定区域, 在该区域范围内可以包含文字、图形、表格等。在标签内的所有内容, 都将调用此标签所定义的样式, 且区域之间是彼此独立的。在编写 HTML 文件时, 当要定义区域之间使用不同的样式时, 就可以使用 DIV 标签达到这个效果。其语法格式如下:

```
<div  id="指定样式">…</div>
```

图 2-11　超链接标签的效果

或者

```
< div  class = "指定样式" > … </div >
```

11. 注释标签

在 HTML 中有一个特殊而又重要的标签，它就是注释标签。如果想在 HTML 文档中添加一些文字说明而又不希望它显示在浏览器窗口中，就需要使用注释标签 < !--...-- > 来注释内容。一般使用注释是为了在文档中加上说明，方便日后阅读和修改。它的语法如下：

```
< !--注释内容 -- >
```

虽然注释内容是不会显示在浏览器窗口中的，但当用户查看网页源代码时会看到注释。有时为了使某行代码不起作用，也可以通过注释的方式达到目的。

当然注释不限于一行中，长度不受限制。结束标签与开始标签可以不在一行上。

【任务 2-3】　学习 HTML 图像标签

图像在网页中占据重要的位置，俗话说，一图胜千言。图像能够直接再现事物本身并能直观具体地表达页面内容，还能够增加页面的美观性。在网页中使用图像不仅能够增加页面的吸引力，同时也大大地提升了用户在浏览网页时的体验。

1. 常用图像格式

图像的格式有很多种，常见的有 JPEG、GIF、BMP、TIFF、PNG 等。在网页上选择图像只有一个原则，即在图像清晰的前提下，文件越小越好。因此在网页文件中使用的非常广泛的图像格式为 GIF、JPEG 和 PNG。

GIF 就是图像交换格式（Graphics Interchange Format），只支持 256 色以内的图像。它支持透明色，可以使图像浮现在背景之上。GIF 文件还可以制作动画，这是它最突出的一个特点。

JPEG 是一种广泛使用的压缩图像标准，也是网页中最受欢迎的格式。JPEG 能展现十分丰富生动的图像，也可以压缩。

PNG 格式的图像近年来在网络中也很流行，其特点为不失真，具有 GIF 和 JPEG 的色彩模式，网络传输速度快，支持透明图像的制作。

2. 图像的分辨率

分辨率是指单位长度内的像素点数，单位为 dpi，是以每英寸包含的像素来计算的。像素越多，分辨率就越高，而图片的质量也就越细腻；反之图片就会越粗糙。

3. 图像标签

< img >标签是用于在浏览器中显示图像的标签，有两个重要的属性：src 和 alt。src 属性用来指出一个图像的文件名或指出 URL 的路径名。假如名为 boat. gif 的图像位于 www. hbpu. edu. cn 的 images 目录中，那么其 URL 为 http://www. hbpu. edu. cn/images/boat. gif。alt 属性指定替代文本，在图像无法显示或者用户禁用图像显示时代替图像显示在浏览器中，这样可增加用户友好性。

定义图像的基本语法是：

```
< img src = "url" alt = "文字" width = "宽度" height = "高度"/>
```

4. 相对路径与绝对路径

（1）绝对路径

在本地计算机上，文件的绝对路径是指文件在硬盘上真正存在的路径。例如这个路径"D:/www/img/icon. jpg"，它告诉人们 icon. jpg 文件在 D 盘的 www 目录下的 img 子目录中。人们不需要知道其他任何信息就可以根据绝对路径判断出文件的位置。

超链接文件位置也属于绝对路径，如 http://www. hbpu. edu. cn/img/icon. jpg。

注意：有时候编写好的页面，在自己的计算机上浏览一切正常，但是上传到 Web 服务器上浏览就很有可能不会显示图片了。因为静态 HTML 页面需要上传到网站，而在网站的应用中通常使用"/"来表示根目录，/img/icon. jpg 就表示 icon. jpg 文件在这个网站的根目录的 img 目录里。但是，这里所指的根目录并不是服务器的根目录，而是用户的网站所在的 Web 服务器的根目录。

（2）相对路径

相对路径，顾名思义就是自己相对于目标位置的路径。

假设要引用文件的页面名称为 test. htm，它存在于名称为 www 的文件夹里（绝对路径 D:/www/test. htm），那么引用同时存在于 www 文件夹里的 icon. jpg 文件（绝对路径 D:/www/icon. jpg），同一目录下的相对路径就是 icon. jpg；如果文件 icon. jpg 存在于 img 文件夹中（绝对路径 D:/www/img/icon. jpg），那么相对路径就是 img/icon. jpg。

相对路径可以避免上述根目录不同的问题。只要将网页文件及引用文件的相对位置与 Web 服务器上的文件相对位置保存一致，那么它们的相对路径也会一致。例如上面的例子，test. htm 文件里引用了 icon. jpg 图片，由于 icon. jpg 图片相对于 test. htm 来说是在同一个目录中的，那么只要这两个文件还是在同一个目录内，那么无论上传到 Web 服务器的哪个位置，在浏览器里都能正确地显示图片。

在相对路径里常使用"../"来表示上一级目录。如果有多个上一级目录，可以使用多个"../"。假设 test. htm 文件所在目录为 D:/www/test. htm，而 icon. jpg 图片所在目录为 D:/www/img/icon. jpg，那么 icon. jpg 图片相对于 test. htm 文件来说是在其所在目录的上级目录里，则引用图片的语句可以有多种，如"img/icon. jpg"". ./img/icon. jpg"". /img/icon. jpg"。

"./"代表当前目录，< img src = "./img/icon. jpg"/>等同于< img src = "img/icon. jpg"/>，"../"代表上一级目录，"/"代表根目录。

【任务2-4】 设计"个人简介"页面布局

通过 HTML 相关标签的学习，小明现在可以开始制作"个人简介"页面了。他首先进行的是准备工作及页面布局，然后进行各个模块的制作。

1）首先在 Hbulider 中创建一个 Web 项目，项目名为 project02，如图 2-12 所示。

2）利用切片工具导出"个人简介"页面中的素材图片，存储在项目 project02 下面的 img 文件夹下。导出后的素材如图 2-13 所示。

图 2-12 project02 目录结构图   图 2-13 个人简介的切片素材

1. 页面结构分析

"个人简介"页面从上到下可以分成 3 个模块：一个是头部模块，一个是个人简介模块，一个是页脚模块，如图 2-14 所示。

图 2-14 个人简介页面结构分析

2. 页面布局

页面布局总是先进行整体布局，然后再逐步进行细化布局。使用鼠标双击 index. html，在 Hbuilder 中打开网页文档，然后使用 DIV 标签来对页面进行布局。代码如下：

```
1.  <!DOCTYPE html>
2.  <html>
3.
4.      <head>
5.          <meta charset="UTF-8">
6.          <title>个人简介</title>
7.      </head>
8.
9.      <body>
10.         <div style="width:980px;margin:0 auto;">
11.             <!--导航开始-->
12.             <div style="background:rgb(15,47,89);height:110px" align="right">
13.
14.             </div>
15.             <!--导航结束-->
16.
17.             <!--个人简介开始-->
18.             <div>
19.
20.             </div>
21.             <!--个人简介结束-->
22.
23.             <!--页脚开始-->
24.             <div style="height:120px;text-align:center;background:rgb(15,47,89);color:#fff;">
25.
26.             </div>
27.             <!--页脚结束-->
28.         </div>
29.     </body>
30.
31. </html>
```

在上面的代码中使用一个 DIV 标签将所有的网页内容包裹起来，在第 10 行的代码中，style = "width：980px；margin：0 auto;"用于定义整个页面的宽度为 980px，并且让整个 DIV 标签居中显示。这样，所有被包裹在这个 DIV 标签中的其他标签会被看作此 DIV 的内容而自动随着居中显示。

【任务 2-5】 个人简介头部模块制作

1. 结构分析

头部模块有背景色，可以通过 background 属性来设置背景颜色。头部的整个布局分为上、下两个部分，使用了 3 个标签来处理。上部分的左边是一个邮件的图片，可通过 < img/ > 标签来处理；接着是一个 "联系我……" 超链接，可以使用超链接标签 < a > </a > 来处理。下部分可以通过 < p > 标签来处理，设置 < p > 的背景颜色，并使其内容右对齐，如图 2-15 所示。

图 2-15　个人简介头部模块分析

2. 模块制作

在 index. html 文件中编制个人简介头部模块的 HTML 结构代码，具体如下：

```
1. < div style = "background:rgb(15,47,89); height:110px" >
2.     < img src = "img/mail1.png"/>
3.     < a href = "mailto:wwwjr@126.com" >
4.         < font color = "#fff" >联系我......  </font >  
5.     </a >
6.     < p style = "background:rgb(241,159,67);height:56px;" align = "right" >
7.         < br/>
8.        首页    |  登录    |  注册   
9.     </p >
10. </div >
```

上述代码中，第 1 行代码中的 style = "background：rgb（15，47，89）；height：110px" 用于定义头部模块的背景颜色和模块的高度。第 4 行代码是创建一个邮件链接。第 6 行中的 align = "right"使 < p > 标签中的内容右对齐。为了让导航文字在整个 < p > 标签的右下部，特别添加了一个换行标签来处理。随着后面盒子模型知识的学习，我们会有更好的方法来处理这种情况。在第 8 行代码中使用了空格符 " "，用来实现多个导航项之间的留白。

保存 index. html 文件，单击 Hbuild 菜单中的 "在浏览器内运行"（Ctrl + R）图标，效果如图 2-16 所示。

图 2-16　个人简介头部模块效果图

【任务 2-6】 个人简介模块制作

1. 结构分析

个人简介模块的制作可以分为上、下两个部分。上部分是个人简介的标题部分，下部分是个人简介的内容部分。

上部分的标题部分采用标题标签 < h1 > 来处理。"座右铭"通过文本标签来显示。为了分隔上、下部分，采用 < hr/> 标签来画一条横线分隔。下部分采用图像标签 < img > 来显示个人照片，并让它左对齐，将后面的文字放置在图片的右边，达到图文混排的效果。右边的文本通过标签来显示效果，具体分析如图 2-17 所示。

图 2-17　个人简介模块分析

2. 模块制作

在 index. html 文件中编写个人简介模块的 HTML 结构代码，具体如下：

```
1.  < div >
2.     < h1 >  个人简介 </h1 >
3.     < span >  座右铭:青春无敌,永不言败! </span >
4.     < hr size = "2" color = "black"/>
5.     < img src = "img/self.png" align = "left" width = "325" height = "500"
    hspace = "10"/>
6.     < p >
7.        < h3 >小学: </h3 > 2006-2012 年就读于杭州湾小学。获得
8.        < font color = "red" size = "5" > < strong >"优秀少先队员"</strong > </font
    >荣誉称号。 <br/>
9.     </p >
10.    < p >
11.       < h3 >初中: </h3 > 2012-2015 年就读于杭州湾中学。参加
```

```
12.         <em>全国奥林匹克物理竞赛</em>，获得
13.         <font color = "red" size = "5"><strong>二等奖</strong></font>。
14.     </p>
15.     <p>
16.         <h3>高中：</h3> 2015-2018 年就读于杭州湾高级中学。参加市共青团举办的
17.         <u>《我爱我的祖国》</u>演讲比赛,荣获
18.         <font color = "red" size = "5"><strong>一等奖</strong></font>。
<br/>
19.     </p>
20.     <p>
21.         <h3>大学：</h3> 2019 年考入
22.         <a href = "cs. hbpu. edu. cn">湖北理工学院计算机学院</a>。
23.     </p>
24.     <p>
25.         <h3>我的爱好：</h3> 我喜欢钻研计算机科学技术知识,特别是人工智能与大数据
技术。我还喜欢打蓝球、羽毛球,喜欢摄影和绘画。希望和你们交朋友,在大学里与志同道合的你一起
进步。
26.     </p>
27. </div>
```

　　上述代码中，第 2 行代码定义了个人简介的标题，直接采用 <h1> 标签就可以了。接着使用一个 <span> 标签来显示座右铭。第 4 行是上、下两部分的分界线。然后定义了一张个人照片，让照片左对齐，这样，照片就在文字左边了。hspace = "10" 与 vspace = "10" 用于设置照片与上、下、左、右元素的留白间距。第 6 ~ 26 行通过多个 <p></p> 标签来定义右侧的文本介绍，并且通过在 <p> 标签中嵌套 <font><strong><em> 等来定义需要特别显示的文本内容。

　　保存 index. html 文件，单击 HBuilder 菜单中的"在浏览器内运行"（Ctrl + R）图标，效果如图 2-18 所示。

图 2-18　个人简介模块效果

【任务 2-7】 个人简介页脚模块制作

1. 结构分析

页脚模块总体上是水平居中排列的，且由多行文本组成，在 DIV 标签中嵌套多对 < p ></p > 标签来定义。对特殊显示文本可通过文本格式化标签与文本样式标签来处理。页脚模块的结构分析如图 2-19 所示。

图 2-19　个人简介页脚模块分析

2. 模块制作

在 index. html 文件中编写个人简介页脚模块的 HTML 结构代码，具体如下：

```
1. <div style = "height:120px;text-align:center;background:rgb (15,47,89);
color:#fff;">
2.     <br/>
3.     <p>首页   | 自序   | 我的大学   | 收藏夹 </p>
4.     <p>Copyright &copy; 2018-2019 All rights reserved. 张小明 </p>
5. </div>
```

在第 1 行代码中设置了页脚的高度、背景颜色、前景颜色、对齐方式。其中，"text-align：center"用于定义页脚模块水平居中排列。第 4 行的版权符号采用特殊字符"©"来显示。为了加强美观，增加页脚的留白空间，特别在第 2 行加了一个换行符来处理。随着知识的深入讲解，我们有更好的方法来处理留白。

保存 index. html 文件，点击 HBuilder 菜单中的"在浏览器内运行"（Ctrl + R）图标 ，效果如图 2-20 所示。

图 2-20　个人简介页脚模块效果图

【项目总结】

1. 本项目主要是让读者熟练掌握基本的 HTML 标签的用法，主要运用了文本格式化标签、样式标签、超链接标签、图像标签等来设计个人简介的网页。希望读者认真领会标签各种属性的用法。

2. 制作一个网页，建议读者采用"总-分"的方法来处理，即先总体设计布局样式，然后针对不同的模块来书写代码，做到关注点分离。并且在完成一部分模块后，及时用浏览器进行浏览，查看效果。在这个过程中体会各种 HTML 标签的作用，并能及时发现自己的问题。

3. 编辑代码的过程中，出现问题要及时处理，可以检查是否有拼写错误，标点是否是中文的等。对查出来的问题，最好做笔记来提醒自己，以免后面再出现类似错误。

【课后练习】

一、填空题

1. 文件头标签也就是通常所见到的＿＿＿＿＿＿＿标签。

2. 创建一个 HTML 文档的开始标签是＿＿＿＿＿＿＿，结束标签是＿＿＿＿＿＿＿。

3. 标签是 HTML 中的主要语法，分＿＿＿＿＿＿＿标签和＿＿＿＿＿＿＿标签两种。大多数标签是＿＿＿＿＿＿＿出现的，由＿＿＿＿＿＿＿标签和＿＿＿＿＿＿＿标签组成。

二、选择题

1. 以下标签中，用于设置页面标题的是（　　　）。

A. ＜title＞   B. ＜caption＞   C. ＜head＞   D. ＜html＞

2. 以下标签中，没有对应的结束标签的是（　　　）。

A. ＜body＞   B. ＜br/＞   C. ＜html＞   D. ＜title＞

3. 下面（　　　）是换行标签。

A. ＜body＞   B. ＜font＞   C. ＜br/＞   D. ＜p＞

4. 下面的（　　　）特殊符号表示的是空格。

A. "   B.   C. &   D. &copy

三、简答题

1. 在 HTML 文档中插入图像使用什么标签？该标签有哪些常用属性？

2. 绝对路径、相对路径和根路径的区别是什么？

项目 3

"旅游网" 专题页制作

【项目背景】

张小明同学在家学习了网页制作的基本知识，并且能够制作出一个比较完善的个人简介网页，这让小明对 Web 网页设计的兴趣大增。爸爸见他学习很辛苦，就提议和王叔叔一家一起到外地旅游，长长见识。小明很高兴，在旅游途中，小明与王叔叔一起讨论了网页制作方面的问题。旅游回来后，王叔叔说当地的旅游资源很丰富，提议小明制作一个"旅游网"专题页来宣传当地的旅游资源。同时王叔叔也提到，这次要制作的网站的样式比较复杂，仅仅用前面所学的知识很难控制网页的表现形式，建议小明学习 CSS 样式表的相关知识。王叔叔写了一个清单，罗列如下：

- CSS 的基本用法。
- CSS 的基础选择器。
- 样式表的种类及用法。
- CSS 控制的文本样式。
- CSS 复合选择器。
- CSS 层叠与继承。
- CSS 的优先级。

"旅游网"专题页效果图如图 3-1 所示。

图 3-1 "旅游网"专题页效果图

【任务3-1】 学习CSS基本用法

使用HTML修饰页面时存在很大的局限和不足，例如维护困难，不利于代码的阅读等。如果希望网页升级轻松，维护方便，就需要使用CSS实现结构与表现的分离。

1. 什么是CSS

CSS是Cascading Style Sheet的缩写，一般译为"层叠样式表"或"级联样式表"。它扩展了HTML的功能，使网页设计者能够以更有效的方式设置网页格式。

例如，将唐诗《春夜喜雨》的标题设置为"标题1""居中"对齐方式和"楷体"字体，代码量很少，编写也比较容易，代码如下：

```
1.  <!DOCTYPE html >
2.  <html >
3.    <head >
4.      <meta charset = "UTF-8" >
5.      <title >设置唐诗标题 </title >
6.    </head >
7.    <body >
8.      <h1 align = "center" > <font face = "楷体" >春夜喜雨 </font > </h1 >
9.    </body >
10. </html >
```

但如果要编辑唐诗300首，每首唐诗的标题都要设置为"标题1""居中"对齐方式和"楷体"字体，那么 <h1 > <font >等相关标签和属性就要出现300次。另外，如果要更改格式，将"楷体"更改为"黑体"，那工作量就太大了。如果使用CSS技术解决，就简单多了，代码如下：

```
1.  <html >
2.    <head >
3.      <title >设置唐诗标题 </title >
4.      <style >
5.        h1
6.        {
7.          text-align:center;
8.          font-family:"楷体"
9.        }
10.     </style >
11.   </head >
12.   <body >
13.     <h1 >春夜喜雨 </h1 >。
14.   </body >
15. </html >
```

上述代码中，定义的CSS样式在 <style >标签中，该样式应用于网页中所有的 <h1 >标签，使该标签中的内容都表现为"楷体""居中"对齐方式。这样，只要一个样式定义，就解决了 HTML 方式所固有的两种缺陷：格式定义的重复和格式维护的困难。

实际上，样式表的宗旨就是将结构与格式分离，从而使网页设计人员能够更方便地给网页的布局施加更多的控制，而 HTML 仍然可以保持简单明了的初衷。把样式表代码独立出来后，可以从另一个角度控制网页外观。

利用样式表还可以将站点上所有的网页都指向一个 CSS 文件，用户只需要修改 CSS 文件中的某一行，整个站点的外观都会随之发生改变。这样，通过样式表就可以使许多网页的风格样式同时更新，而不用一页一页地更新了。

2. CSS 语法规则

定义样式的基本语法为：

```
选择器{属性1:值1;属性2:值2}
```

其中，选择器表示样式作用的对象，属性和值则表示相应 CSS 属性和值的配对。

例如 h1 {color: green;}，这个样式规则就是告诉浏览器，所有标签 <h1> 之间的文字都显示为绿色。h1 是选择器。花括号中所包含的是属性，每个属性包括属性名（如 color）和属性值（如 green），它们之间用冒号隔开。多个属性之间用分号隔开，如下面的 CSS 样式：

```
1. #head
2. {
3.    width:998px;
4.    height:50px;
5. }
```

3. CSS 基础选择器

（1）标签选择器

标签选择器用来声明哪种标签采用哪种 CSS 样式。在 HTML 文档中，每一个标签都可以作为相应标签选择器的名称，如样式：

p {color: blue; font-family:"微软雅黑"; font-size: 16px;}

上述 CSS 样式代码用于设置网页中所有的段落文本，字体大小为 16 像素，颜色为蓝色，字体为"微软雅黑"。下面的网页代码应用上面的样式，可以把所有段落文本的字体大小设置为 16px，颜色为 blue，字体为微软雅黑。

代码如下：

```
1. <!DOCTYPE html>
2. <html>
3.   <head>
4.     <meta charset="UTF-8">
5.     <title>标签选择器</title>
6.     <style>
7.      p{
8.        color:blue;
```

```
9.          font-family:"微软雅黑";
10.         font-size:16px;
11.       }
12.     </style>
13.   </head>
14.   <body>
15.     <h3>标签选择器</h3>
16.     <p>采用标签选择器的样式1</p>
17.     <p>采用标签选择器的样式2</p>
18.     <p>采用标签选择器的样式3</p>
19.   </body>
20. </html>
```

浏览器显示效果如图 3-2 所示。

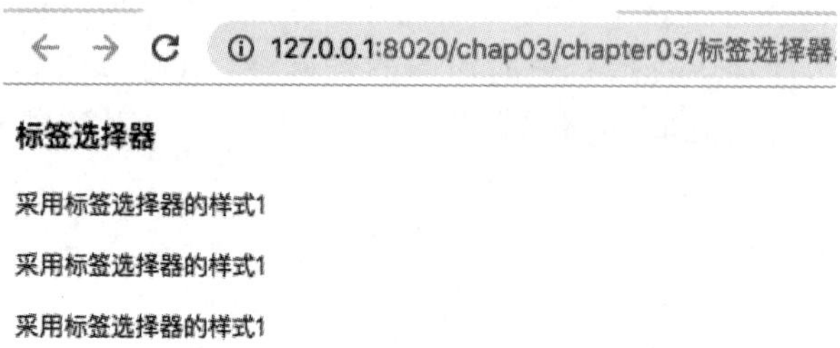

图 3-2 标签选择器显示效果

在上述的代码中，整个网页的段落样式都被设置为相同的样式，字体大小全部是 16px，颜色为 blue，字体为微软雅黑。在图 3-2 所示的网页效果图中，第一行的文本样式不受 p 标签选择器的影响。

（2）ID 选择器

ID 选择器可为标有特定 ID 的 HTML 元素指定特定的样式。ID 选择器以"#"来定义，形式为"#样式名称"。ID 属性只能在每个 HTML 文档中出现一次，如样式：

```
#red {color:red;}
#green {color:green;}
```

在下面的 HTML 代码中，应用上面的 CSS 样式就能使 id 属性为 red 的 p 元素显示为红色，使 id 属性为 green 的 p 元素显示为绿色，代码如下：

```
1. <p id="red">这个段落是红色。</p>
2. <p id="green">这个段落是绿色。</p>
```

（3）类选择器

在 CSS 中，类选择器以一个点号显示，形式为". 样式名称"，如：

```
.center {text-align:center}
```

在下面的 HTML 代码中，h1 和 p 元素都有 center 类，这意味着两者都将遵守". center"选择器中的规则，所有拥有 center 类的 HTML 元素均居中。

```
1. <h1 class = "center">这个标题居中</h1>
2. <p class = "center">这个段落居中</p>
```

ID 选择器和 Class 选择器之间的差别在于，ID 选择器用来定义单一元素，只能在网页文档中出现一次。而 Class 选择器用于定义类，一个 Class 选择器可以定义多个元素。就页面效果而言，两种方法的视觉效果几乎无差别。

（4）＊选择器

＊选择器是一个通配符选择器，它能匹配网页中所有元素的样式，例如下面的样式代码：

```
1. * {
2.     margin:0;
3.     padding:0;
4. }
```

＊选择器通常用来初始化一些 HTML 标签的默认值，如上面的 CSS 代码，就是设置所有 HTML 标签的默认边距。因为不同的浏览器，它们设置的 HTML 标签的默认边距是不同的，这会导致设计的网页在不同的浏览器中所呈现的效果略有区别。为了消除这种差异，通常利用＊选择器来达到这种效果。实际网页开发中要慎用＊选择器，因为它的样式对所有的 HTML 标签都有影响，而不管这个标签是否需要这个样式。

4. 在网页中使用 CSS

可以使用多种方法把样式表加入到网页中，其中最主要的方法有 3 种：使用内联样式表、使用内部嵌入样式表、使用外部链接样式表。

（1）内联样式表

内联样式表是在现有 HTML 元素的基础上，用 style 属性把特殊的样式直接加入控制信息的标签中。其语法格式是：

<标签名称 style = "属性：值；属性：值..." >

如 <h1 style = "color：red；font-size：35px" >春夜喜雨，就是控制该标签字体颜色为红色，大小为 35px。但利用这种方法定义样式时，其控制效果有局限性，它只可以控制该标签。

（2）内部嵌入样式表

内部嵌入样式表是指把样式表放到页面的 <head> 区里，这些定义的样式就应用到该页面中，样式表是用 <style> 标签插入的。例如，下面代码中的 <style> 标签就是一个内部嵌入样式表。

```
1. <head>
2.     <style type = "text/css">
3.         h1 {color:red;}
4.         .duan {margin-left:20px;}
5.     </style>
6. </head>
```

（3）外部链接样式表

外部链接样式表是指将样式表作为一个独立的文件保存在计算机上，这个文件以

".css"作为文件的扩展名。当样式需要应用于很多页面时，外部链接样式表将是理想的选择。在使用外部链接样式表的情况下，人们可以通过改变一个文件来改变整个站点的外观。每个页面都使用 <link> 标签链接到样式表。<link> 标签在网页的 <head> 区里：

```
1. <head>
2. <link rel = "stylesheet" type = "text/css" href = "mystyle.css"/>
3. </head>
```

其中，mystyle.css 为预先编写好的样式表文件。浏览器会从文件 mystyle.css 中读到样式声明，并根据它来格式化文档。

外部链接样式表可以在任何文本编辑器中进行编辑。文件不能包含任何 HTML 标签。下面是一个样式表的代码，把它保存到 mystyle.css 文件中，mystyle.css 就是一个样式表文件。

```
1. /*--------------头部样式---------------*/
2. #Header{ width:100%; height:42px; margin:0 auto; background-color:#0092D7; line-height:42px;}
3. #Header .h_c{ width:1032px; height:42px; margin:0px auto;}
4. #Header .h_c .h_cl{ width:156px; height:42px; float:left; line-height:42px; font-family:"微软雅黑"; color:#C12; font-weight:bold; font-size:16px; text-align:center;}
5. #Header .h_c .h_cr{ width:720px; height:42px; float:left;}
6. #Header .h_c .h_cr ul{ width:720px; height:42px; overflow:hidden;}
7. #Header .h_c .h_cr ul li{ float:left; height:42px; line-height:40px; text-align:center;}
8. #Header .h_c .h_cr ul li a{ font-family:"微软雅黑"; color:#FFF; font-size:15px;}
9. #Header .h_c .h_cr ul li a:hover{ color:#EE8D09; text-decoration:none;}
10. #Header .h_c .h_cr ul .xian{ padding:0; margin:0; font-family:"宋体"; font-size:12px; color:#FFF; overflow:hidden; width:33px; text-align:center;}
11. #Header .h_c .bdsharebuttonbox{ width:156px; height:34px; float:left; padding-top:8px;}
12. #Top{ width:1032px; height:490px; margin:0px auto;}
13. #DY{ width:1032px; height:108px; margin:0px auto; box-shadow:1px 1px 4px rgba(0,0,0,.3); background:url(../img/tm_b.png)}
14. #DY .dy_l{ width:130px; height:108px; float:left;}
15. #DY .dy_r{ width:852px; height:88px; float:left; padding:10px 25px; font-size:13px; line-height:22px; text-align:justify; letter-spacing:0.5px; color:#0092D7;}
```

【任务3-2】 学习 CSS 控制文本样式

1. CSS 文本样式
（1）背景属性

CSS 中的 background-color 属性，用于设置某个元素的背景。下面的样式规则将会把某网页的背景颜色设置为黄色。

```
body{ background-color:yellow; }
```

注意：声明是用大括号括起来的，而声明属性与声明值之间是用冒号分隔的。

（2）颜色属性

CSS 中的颜色属性（color），用于设置某个元素的文本颜色（前景）。下面的样式规则将把某网页的文本颜色设置为蓝色。

```
body{color:blue;}
```

下面的网页代码显示了文本为蓝色、背景为黄色的网页。如果要用一个选择器来配置多个属性，可以使用分号（;）将各项属性分隔开来，代码如下：

```
1.  <!DOCTYPE html >
2.  <html >
3.    <head >
4.      <meta charset = "UTF-8" >
5.      <title>背景颜色与前景颜色</title>
6.      <style type = "text/css" >
7.       body{
8.         color:blue;
9.         background-color:yellow;
10.        font-family:"华文彩云","宋体","黑体","微软雅黑";
11.       }
12.     </style >
13.   </head >
14.   <body >
15.      这个网页背景色是黄色的,它的文字是蓝色的。
16.   </body >
17. </html >
```

效果如图 3-3 所示。

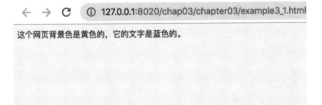

图 3-3　颜色属性效果

学习了颜色的设置，读者可能会问怎么才能知道这些属性和值呢。别担心，大家可以访问相关的网站，比如菜鸟教程网站 http://runoob.com，获得相关 HTML 的资料。HTML 的资料中列出了一些常用的配置颜色与文本的 CSS 属性。

（3）为网页配色

显示器显示出来的颜色是红、绿、蓝 3 色不同强度的各种组合，用 RGB 来表示。RGB

的值是 0~255 的数字。每种 RGB 色彩有 3 个值，分别代表红色、绿色、蓝色，这些值通常以相同的顺序（红、绿、蓝）列出，每一种颜色都设定一个数字。一般用十六进制数来表示网页上的 RGB 颜色值。在十六进制的计数系统中，使用 0、1、2、3、4、5、6、7、8、9、a、b、c、d、e 和 f 来表示数字，十六进制颜色码又使用 00~ff 的十六进制数来对应 RGB 值，每个颜色码与所显示的红色、绿色、蓝色的强度有关。红色表示为#ff0000，而#0000ff 代表蓝色，#号指出数字是十六进制的。颜色码对字母的大小写不敏感，也就是说#ff0000 和 #FF0000 是相同，都代表红色。

在 CSS 中有多种配置颜色的方法，语法如下：

- 颜色名称。
- 十六进制颜色码。
- 简写的十六进制颜色码。
- 十进制颜色码。

表 3-1 所示为多种配置颜色的语法示例。

表 3-1　多种配置颜色的语法示例

CSS 语法	颜色类型
p｛color：red｝	颜色名称
p｛color：#ff0000｝	十六进制颜色码
p｛color：#f00｝	简写的十六进制颜色码（一个字符代表一种颜色）
p｛color：rgb（255，0，0）｝	十进制颜色码（RGB 三原色）

2. CSS 字体样式

之前介绍了如何使用 HTML 配置文本中的某些字符，包括使用 strong 之类的标签元素，这里将讲述用 CSS 配置字体的方法。与 HTML 元素相比，用 CSS 能更灵活地设置文本。

（1）字体系列（font-family）属性

font-family 属性用于指定字体。浏览器使用已经安装在用户本地计算机中的字库来显示文本，如果本地没有安装相应的字体，此时就会显示默认字体。

网页中常用的字体有宋体、微软雅黑、黑体等。一般来说应该给整个页面设计一种字体，然后只对那些需要使用不同字体的元素应用 font-family。要为整个页面指定字体，可以设定 body 选择器的 font-family 属性。例如，将网页中所有段落文本的字体设置为微软雅黑，可以使用如下 CSS 样式代码。

```
1. body{
2.     font-family:"微软雅黑";
3. }
```

可以同时指定多种字体，中间以逗号隔开。如果浏览器不支持第 1 种字体，就会尝试下一种，直到找到合适的字体，例如下面代码。

```
1. body{
2.     font-family:"华文彩云","宋体","黑体","微软雅黑";
3. }
```

当应用上面的字体样式时，浏览器会首先选择华文彩云，如果用户的计算机中没有安装该字体，就会按顺序选择宋体。若没有安装宋体，那么就选择黑体；如果没有安装黑体，就选择微软雅黑。如果指定的字体都没有安装，就会使用浏览器默认的字体。

设置字体时需要注意以下几点：

- 各种字体之间必须使用英文状态下的逗号隔开。
- 中文字体需要加英文状态下的引号，英文字体一般不需要加引号。当需要设置英文字体时，英文字体名必须位于中文字体名前面，例如下面的代码。

```
1. body{
2.     font-family:arial,"微软雅黑","宋体","黑体";//正确
3. }
4.
5. body{
6.     font-family:"微软雅黑","宋体",arial,"黑体";//错误,英文字体要在中文字体前面
7. }
```

- 如果字体名称包含空格、#等符号，那么该字体必须加英文状态下的单引号或双引号，例如下面的代码。

```
1. body{
2.     font-family:"arial black";
3. }
```

（2）字体大小（font-size）属性

font-size属性用于设置字体的大小，也就是字号。表3-2列出了一些常用的属性值，可以在设置时进行选择。

表3-2　字体大小（font-size）属性设置表

font-size 值的类型	属性值	说明
文本值	xx-small、x-small、small、medium（默认）、large、x-large、xx-large	当浏览器里的文本大小发生变化时能较好地缩放，但提供的选项有限
像素单位（px）	带单位的数值，如 10px	像素，比较常用，推荐使用
em 单位（em）	带单位的数值，如 2em	W3C 推荐，当文本在浏览器里的字体大小发生变化时能较好地缩放
百分比值	百分比数值，如 75%	W3C 推荐，当文本在浏览器里的字体大小发生变化时能较好地缩放

em 是一种相对的字体单位，起源于印刷工业，可追溯到印刷工人手动排版设置字符块的年代。em 单位是某种特定字体与字号的方块字母，通常是指大写 M 的高度。在网页上，em 单位对应于父级元素（通常是 body）的字体字号的高度，因此，em 的大小取决于字体默认尺寸。当采用 em 作为字体单位，文本在浏览器中的大小发生变化时，所有的其他文本都以大写 M 的高度作为参考，这样在缩放时不易失真，是 W3C 推荐的一种字体单位。百分比类似于 em 单位，font-size：100% 和 font-size：1em 在浏览器中代表的是相同的意思。

如果要将所有段落文本的字号设置为12px，则代码如下：

```
p{font-size:12px;}
```

（3）字符粗细（font-weight）属性

font-weight属性用于设置文本字体的粗细。在CSS中配置规则"font-weight：bold"，效果与使用<strong>或<b> HTML标签类似。

（4）字符样式（font-style）属性

font-style属性通常用来将文本设置为斜体显示。有效的font-style值包括normal（默认值）、italic和oblique。在CSS中配置规则"font-style：italic；"，在浏览器中的显示效果与使用<i>或<em> HTML标签相同。

（5）行高（line-height）属性

line-height属性用于指定文本中一行的高度，常用百分比值来设置。例如，代码"line-height：150%；"表示文本行间距为当前字符尺寸的1.5倍。

（6）文本水平对齐方式（text-align）属性

默认状态下，HTML元素按左对齐方式排列，即从左边界处开始显示。CSS中，text-align属性值包括left（左对齐，默认）、right（右对齐）和center（居中）3种。下面的CSS代码示例将h1元素设置成居中显示：

```
h1{text-align:center;}
```

（7）文本的首行缩进（text-indent）属性

CSS中，text-indent属性用于设置标签中文本首行的缩进方式。它的值可以是数值（单位可以是px或em，也可以是百分比等）。下面的CSS代码示例将所有段落的首行设置为缩进4em：

```
p{text-indent:4em;}
```

（8）文本的装饰效果（text-decoration）属性

text-decoration属性被用来修改文本的显示，该属性的常见值包括none（无）、underline（下画线）、overline（上画线）、line-through（删除线）。超链接的默认显示方式是带下画线的，可以通过设置text-decoration属性使其不显示下画线，下面的代码就实现了这个目标。

```
a{text-decoration:none;}
```

（9）文本大小写（text-transform）属性

text-transform属性用于设置文本的大小写方式。其有效值包括none（无，默认）、capitalize（首字母大写）、uppercase（全部大写）或lowercase（全部小写）。下面的代码示例使h3元素中的文本全部显示为大写。

```
h3{text-transform:uppercase;}
```

（10）空白（white-space）属性

white-space属性指定了浏览器显示空白（如空格字符、代码里的换行等）的方式。默认状态下，浏览器会将相邻的空白合并，从而显示为单个空格字符。也就是说，无论源代码中有多少个空格，在浏览器中都只显示一个字符的空格。该属性的常见值包括normal（忽略空白，默认)、nowrap（文本不换行）及 pre（空白会被浏览器保留)。

（11）CSS3 文本阴影（text-shadow）属性

CSS3 的 text-shadow 属性为网页上的文本添加了不同深度、多种维度的阴影显示效果。现在的常规浏览器，包括 Internet Explorer（IE10 及以上）都支持这一属性。在设置文本阴影属性时，需要指定阴影的水平偏移、垂直偏移、模糊半径（可选）和颜色值等。

- 水平偏移：是一个像素值。正值时阴影在右，负值时阴影在左。
- 垂直偏移：是一个像素值。正值时阴影在下，负值时阴影在上。
- 模糊半径（可选）：是一个像素值。忽略时默认为 0，表示一个尖锐的阴影。数值越大，阴影越模糊。
- 颜色值：有效的颜色值。

下面的代码可设置水平偏移为 3 像素，垂直偏移为 3 像素，模糊半径为 5 像素的深灰色阴影：

```
div{text-shadow:3px 3px 5px #666;}
```

3. 伪类样式

使用伪类可在表示动态事件状态改变或者某种结构上的关系时，为相应元素应用 CSS 样式。它不是真正意义上的类，通常由标签名、类名或 ID 名加 ":" 构成。

超链接标签是最常使用伪类的，例如用户的鼠标指针悬停或单击某元素时改变文本的颜色，或去掉下画线。总的来说，伪类可以在目标元素出现某种特殊的状态时应用样式，这种状态可以是鼠标指针停留在某个标签上，或者是访问一个超链接。

常见的伪类有 4 种，分别是：link（链接)、: visited（已访问的链接)、: hover（鼠标指针悬停状态）和: active（激活状态)。其中，前面两种称为链接伪类，只能应用于链接元素；后两种称为动态伪类，理论上可以应用于任何元素。其他的一些伪类如: focus，表示获得焦点时的状态，一般用在表单元素。伪类选择器前面必须是标签名（或类名、ID 名等选择器名)，后面是以冒号 ":" 开头的伪类名。例：

```
a:hover{color:red; font-size:18px;}
```

它的作用是定义所有 a 标签在鼠标悬停状态下的样式。

通常可以利用伪类来制作一些动感的效果。比如利用鼠标悬停设置不同的对象伪类样式来达到动感的效果。下面这个例子就是利用鼠标的悬停来达到切换背景的效果，读者利用这个原理稍加变动，甚至可以制作出翻转图片的效果。例如下面的代码：

```
1.  <!DOCTYPE html>
2.  <html>
3.    <head>
4.      <meta charset = "UTF-8">
5.      <title>变换背景</title>
6.      <style type = "text/css">
7.        .menu {width:130px;text-align:center;}
8.        .menu li {display:inline;}
9.        .menu a:active,
```

```
10.          .menu a:visited,
11.          .menu a:link {
12.              display:block;
13.              text-decoration:none;
14.              margin:6px 10px 6px 0;
15.              color:#000000;
16.              padding:2px 6px 2px 6px;
17.              background-color:#FFCC33;
18.              border:1px solid red;
19.          }
20.          /*设置悬停样式*/
21.          .menu a:hover {
22.              color:#FF0000;
23.              background-color:#C30;
24.          }
25.      </style>
26.  </head>
27.  <body>
28.      <ul class="menu">
29.          <li>
30.              <a href="#">公司简介</a>
31.          </li>
32.          <li>
33.              <a href="#">产品展示</a>
34.          </li>
35.          <li>
36.              <a href="#">人力资源</a>
37.          </li>
38.          <li>
39.              <a href="#">联系我们</a>
40.          </li>
41.      </ul>
42.  </body>
43. </html>
```

【任务3-3】 学习 CSS 高级特性

1. CSS 复合选择器

前面介绍的选择器的作用范围是单独的集合，如标签选择器的作用范围是具有该标签的所有元素的集合，类选择器的作用范围是自定义的一类元素的集合。在书写 CSS 样式表，可以使用 CSS 基础选择器选中目标元素，但是在实际网站开发中，一个网页可能包含相当多的标签元素，如果希望对网页元素进行更复杂的选择，比如对几种网页元素的作用范围取交集、并集、子集，以选中其中的元素，这时仅使用 CSS 基础选择器无法良好地组织页面样式，就要用到复合选择器了。复合选择器是通过对几种基本选择器的组合，实现更强、更方便的选择功能，主要有交集选择器、后代选择器和并集选择器。

（1）交集选择器

交集选择器是由两个选择器组合在一起构成的，其中一个选择器为标签选择器，另一个选择器为类选择器或 ID 选择器，两个选择器之间不能有空格。交集选择器选择的元素必须有由第一个选择器指定的元素类型，并且必须包含第二个选择器对应的 ID 或者类名。

```
标签选择器. 类选择器 |#ID 选择器 {
    属性 1:属性值 1;
    属性 2:属性值 2;
    …}
```

如 h2. fColor；p#infor，格式如下：

```
h2. fColor{color:red;font-size:22px;}
```

交集选择器将选中同时满足前后两个选择器定义的元素，也就是选中前者定义了标签类型，选中后者指定了类名或 ID 的元素。

例如下面的代码：

```
1.  <!DOCTYPE html >
2.  <html >
3.
4.    <head >
5.      <meta charset = "UTF-8" >
6.      <title>交集选择器</title >
7.      <style type = "text/css" >
8.          p{
9.              color:black;
10.          }
11.
12.          .special {
13.              color:green;
14.          }
15.
16.          p.special {
17.              color:red;
18.              font-size:25px;
19.          }
20.      </style>
21.    </head >
22.    <body >
```

```
23.        <p>普通段落文本</p>
24.        <p class="special">指定了 special 类别的段落</p>
25.        <h3>普通 h3 标题文本</h3>
26.        <h3 class="special">指定了 special 类别的 h3 标题</h3>
27.    </body>
28. </html>
```

浏览器中的显示效果如图 3-4 所示。

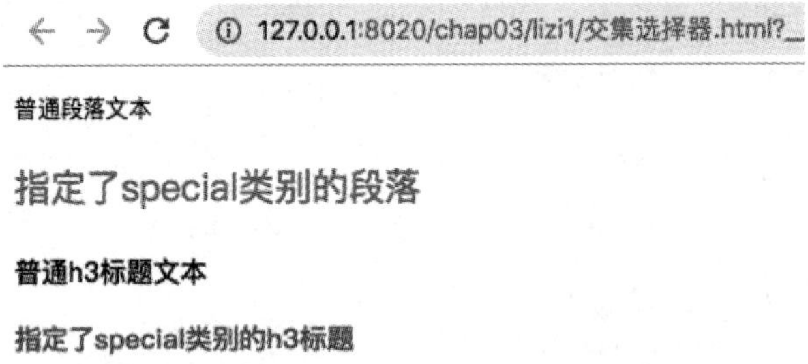

图 3-4　交集选择器示例效果

本例中，p 标签选择器选中图 3-4 中的第 1、2 行文本；. special 类选择器选中图 3-4 中的第 2、4 行文本；p. special 选择器选中图 3-4 中的第 2 行文本。显然图 3-4 中的第 2 行文本同时被 3 个选择器选中，它是几种样式效果的叠加，按 CSS 的层叠规则与权重规则对段落文本进行特殊的控制。

（2）后代选择器

后代选择器又称包含选择器，用于选择指定元素的后代元素。后代选择器通过嵌套的方式对内层的元素进行控制。例如，当 < a > 标签被包含在 < div > 标签中时，就可以使用后代选择器 div a {...} 选中出现在 div 元素中的 a 元素。后代选择器书写时，把外层的标签写在前面，把内层的标签写在后面，之间用空格隔开。

```
选择器 1 选择器 2 选择器 3 …{
    属性 1:属性值 1;
    属性 2:属性值 2;
    …
}
```

后代选择器的示例代码如下：

```
1. <!DOCTYPE html>
2. <html>
3.    <head>
4.        <meta charset="UTF-8">
5.        <title>后代选择器</title>
6.        <style type="text/css">
7.            .special p {
8.                color:green;
```

```
9.              font-size:20px;
10.          }
11.          .special b{
12.              color:red;
13.          }
14.      </style>
15.    </head>
16.    <body>
17.      <p>后代选择器的<b>示例</b></p>
18.      <div class="special">
19.         <div>
20.            <p>花园很<em>美</em></p>
21.            <p>果园很<em>香</em></p>
22.            <span>动物园<b>真热闹</b></span>
23.         </div>
24.         <p>我想到<b>动物园</b>去玩</p>
25.      </div>
26.    </body>
27. </html>
```

浏览器中的显示效果如图 3-5 所示。

图 3-5 后代选择器示例效果

从显示的效果可以看出,后代选择器".special p"选中了图 3-5 中的 2、3、5 行,它所定义的样式只适用于嵌套在 .special 类选择器中的 <p> 标签,其他 <p> 标签不受影响。后代选择器".special b"选中了图 3-5 中的 4、5 行的 <b> 标签所修饰的文本,是因为 <b> 标签嵌套在祖先元素所在的 .special 类选择器中,没有嵌套在祖先 .special 类选择器中的 <b> 标签不受样式影响。

其实后代选择器不限于使用两个元素,如果需要加入更多的元素,只需要在元素之间加上空格就可以了。

选择器的嵌套在 CSS 的编写中可以大大减少对 class 或 id 的定义。因为在构建 HTML 框架时,通常只需给父元素定义 class 或 id 即可,子元素能通过后代选择器选择,利用这种方式则不需要再定义新的 class 或 id。

选择器之间的嵌套关系还有很多种，比如表示父子嵌套关系的子代选择器，它的语法是"E>F"，它用于选中元素的直接后代（即儿子）。它与后代选择器的区别是：子代选择器表示的是一种父子关系，后代选择器表示的是一种祖先关系。还有表示紧邻兄弟关系的相邻选择器，它的语法是"E+F"，用于选中E元素后面紧邻的兄弟元素，也就是说这两个元素有共同的父元素，并且紧邻在一起。还有一种兄弟选择器，它的语法是"E~F"，用于选中E元素后面的所有兄弟F元素。

下面通过代码来说明它们的区别，代码如下：

```
1.  <!DOCTYPE html>
2.  <html>
3.    <head>
4.        <meta charset="UTF-8">
5.        <title></title>
6.        <style type="text/css">
7.            body>p{text-decoration:underline;}      /*子代选择器*/
8.            h2+p {color:red;}                         /*相邻选择器*/
9.            h2~P {font-size:30px;}                    /*兄弟选择器*/
10.       </style>
11.   </head>
12.   <body>
13.       <p>这是一段文字1</p>
14.       <div>
15.           <p>这是一段文字2</p>
16.       </div>
17.       <p>这是一段文字3</p>
18.
19.       <h2>下面哪些文字是红色的呢？</h2>
20.       <p>这是一段文字4</p>
21.       <p>这是一段文字5</p>
22.       <h2>下面有文字是红色的吗？</h2>
23.       <div>
24.           <p>这是一段文字6</p>        <!--该p元素和h2不同级,不会被选中-->
25.       </div>
26.       <p>这是一段文字7</p>            <!--没有紧跟在h2后,不会被选中-->
27.       <h2>下面哪些文字是红色的呢</h2>
28.       这一段文字不是红色
29.       <p>这是一段文字8</p>            <!--红色-->
30.       <p>这是一段文字9</p>
31.   </body>
32. </html>
```

浏览器中的显示效果如图3-6所示。

从浏览器显示的效果来看，图3-6中的第1、3、5、6、9、12、13行文本被后代选择器

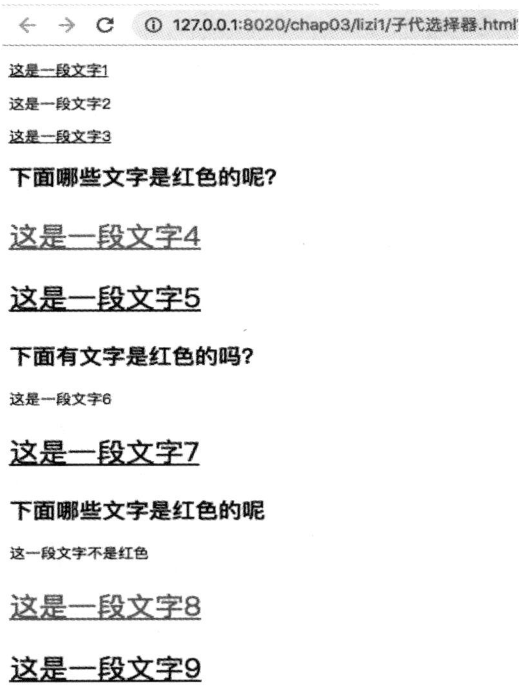

图 3-6 多种嵌套关系的选择器示例效果

body p 选中了，因为从源代码来看，它们都是 < body > 标签的直接子元素，所以有下画线的样式。而其他段落没有被选中，是因为它们虽然是段落标签文本，但是它们不是 < body > 标签的直接子元素，所以不会被选中，也就没有下画线的样式了。

图 3-6 中的第 5 行文本（这是一段文字 4）与第 12 行文本（这是一段文字 8）被相邻选择器 "h2 + p" 选中了，是因为第 5、12 行文本与 < h2 > 标签是同级的并且是相邻的。比如，图 3-6 中的第 8 行文本（这是一段文字 6）没被相邻选择器 "h2 + p" 选中，是因为此段落并不与 < h2 > 标签相邻，它们之间还隔着 < div > 标签。

图 3-6 中的第 5、6、9、12、13 行文本被兄弟选择器 "h2 ~ P" 选中，是因为这些段落标签都与 < h2 > 标签是同一级的，也就是兄弟节点，所以会被选中，并应用该样式。

（3）并集选择器

并集选择器，也叫分组选择器或群组选择器，其实就是对多个选择器进行集体声明，多个选择器之间用 "," 隔开，其中的每个选择器都可以是任意类型的选择器。它的作用就是：如果某些选择器定义的样式完全相同，或者部分相同，就可以用并集选择器同时声明这些选择器完全相同或部分相同的样式。

```
选择器 1,选择器 2,选择器 3,…{
    属性 1:属性值 1;
    属性 2:属性值 2;
    …
}
```

假设页面中有 3 个标题和一个段落，它们的字号相同。其中的两个标题有下画线，这时就可以使用并集选择器来定义样式，代码如下：

```
 1.  <!DOCTYPE html >
 2.  <html >
 3.
 4.      <head >
 5.          <meta charset = "UTF-8" >
 6.          <title >并集选择器 </title >
 7.          <style >
 8.              h1,h2,h3,p {font-size:14px;background-color:#fcc;}   /*加背景色*/
 9.              h2. extra,#one {text-decoration:underline;}          /*加下画线*/
10.          </style >
11.      </head >
12.
13.      <body >
14.          <h1 >h1 元素,font-size:14px;background-color:#fcc; </h1 >
15.          <h2 class = "extra" >h2 元素,font-size:14px;background-color:#fcc;
text-decoration:underline; </h2 >
16.          <h3 >h3 元素,font-size:14px;background-color:#fcc; </h3 >
17.          <h4 id = "one" >h4 元素,text-decoration:underline; </h4 >
18.          <p class = "extra">段落 p 元素,font-size:14px;background-color:#fcc; </p >
19.      </body >
20.
21. </html >
```

浏览器显示效果如图 3-7 所示。

图 3-7　并集选择器示例效果

代码通过集体声明 h1、h2、h3、p 的样式，在显示效果中为选中的第 1、2、3、5 行的元素添加了背景色，然后对需要特殊设置的第 2、4 行添加下画线。使用并集选择器定义样式与对各个基础选择器单独定义样式的效果完全相同，而且使用这种方式书写 CSS 代码更加简洁、直观。

2. CSS 层叠和继承

在一个较大的样式表中，可能会有很多条规则都选择同一个元素的同一个属性。比如，一个带有类属性的段落，可能会被一条以标签名作为选择符的规则选中并指定一种字体，而另一条以该段落的类名作为选择符的规则却会给它指定另一种字体。我们知道，字体属性在任意时刻都只能应用一种设定，那么此时该应用哪种字体呢？

为解决类似的冲突以确定哪条规则"胜出"并最终被应用，CSS 提供了 3 种机制：继承、层叠和优先级。

（1）继承

所谓继承，就是 CSS 中的祖先元素会向后代传递一样东西，即 CSS 属性的值。根据 CSS 继承的约定，如果为 body 写下一条规则：

```
1. body {
2.          font-family:Arial,Microsoft YaHei,"黑体","宋体";
3. }
```

那么，文档中的所有元素，无论它在层次结构中多么靠下，都将继承这些样式，以 Arial 字体（或者在 Arial 字体无效时以其他字体代替）显示各自包含的文本。继承给人们带来的效率是显而易见的，主字体只要在某个上层元素上指定即可，无须在每一个标签上分别指定。而对于个别想使用不同字体的元素，只要个别设定 font-family 属性就好了。

下面通过一个例子来理解继承问题，代码如下：

```
1. <!DOCTYPE html >
2. <html >
3.     <head >
4.         <meta charset = "UTF-8" >
5.         <title >CSS 的继承性问题 </title >
6.         <style >
7.             div {
8.                 color:red;
9.             }
10.         </style >
11.     </head >
12.     <body >
13.         <div >
14.             <h2 >CSS 的继承性问题 </h2 >
15.             <p >我会继承父类的某些样式值 </p >
16.             <span >我会继承父类的某些样式值 </span >
17.         </div >
18.     </body >
19. </html >
```

在浏览器中运行这个网页文件，可以看到显示效果。我们发现，< h2 > < p > < span > 标签所包裹的文字颜色全部为红色，而在代码中并没有设置 < h2 > < p > < span > 标签的字体颜色为红色。产生字体颜色为红色的原因就是 CSS 继承规则在起作用。可以通过浏览器的"检查"来查看结果，在浏览器窗口的空白地方单击鼠标右键，在弹出菜单中就可以看到"检查"命令。大部分浏览器可以通过按 F12 键来查看。浏览器中的运行效果如图 3-8 所示。

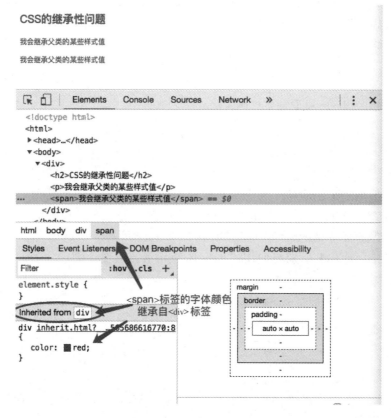

图 3-8　继承示例效果

从图 3-8 可以很清楚地看到，＜ span ＞标签的字体颜色继承自它的父元素＜ div ＞标签的样式 color。当在浏览器中查看＜ h2 ＞＜ p ＞标签时，同样可以发现它们的字体颜色都继承自＜ div ＞标签。

那么是不是所有的父类都能把自己的样式属性继承给自己的后代呢？在 CSS 中有很多属性是可以继承的，其中相当一部分都跟文本有关，比如样式中的 color 属性，以及以 text- 开头的、line- 开头的、font- 开头的属性，这些关于文字样式的属性，都能够继承。然而也有很多 CSS 属性不能继承，因为继承这些属性没有意义。这些不能继承的属性主要涉及元素盒子的定位和显示方式，如边框、外边距、内边距等。所有关于盒子的、定位的、布局的属性都不能继承。

（2）层叠

层叠是指层叠样式表中的层叠，是一种样式在文档层次中逐层叠加的过程，目的是让浏览器面对某个标签特定属性值的多个来源，确定最终使用哪个值。

层叠是 CSS 的核心机制，理解了它才能以最经济的方式写出最容易改动的 CSS，让文档外观在达到设计要求的同时，也给用户留一些空间，让他们能根据需要更改文档的显示效果（如整体调整字号）。

```
1.  <!DOCTYPE html >
2.  <html >
3.
4.    <head >
5.        <meta charset = "UTF-8" >
6.        <title >层叠性问题 </title >
7.        <style >
8.            p{
9.                color:blue;
10.               font-size:24px;
11.           }
12.
13.           .txt {
14.               font-weight:bold;
15.               text-decoration:underline;
16.           }
17.
18.           #bg {
19.               background-color:pink;
20.           }
21.       </style >
22.    </head >
23.    <body >
24.        <p> p标签选择器样式 </p >
25.        <p class = "txt" >p标签选择器样式、.txt类选择器样式 </p >
26.        <p id = "bg" class = "txt" >p标签选择器样式、.txt类选择器样式、ID选择器
bg样式 </p >
27.    </body >
28. </html >
```

浏览器中的显示效果如图 3-9 所示。

← → C ① 127.0.0.1:8020/chap03/chapter03/层叠性问题.html?__hbt=1566577885712

p标签选择器样式

p标签选择器样式、.txt类选择器样式

p标签选择器样式、.txt类选择器样式、ID选择器bg样式

图 3-9　层叠示例效果

从浏览器效果图中可以看出，所有的 p 元素都被标签选择器 p 选中，同时，图 3-9 中的第 2、3 行文本所对应的 p 元素又被类选择器 .txt 选中，图 3-9 中的第 3 行文本所对应的 p 元素还被 ID 选择器 bg 选中，由于这些选择器定义的规则没有发生冲突，所以被多个选择器

同时选中的 p 元素将应用多个选择器定义的样式，这就是样式的叠加。

（3）优先级

如果多个选择器定义的样式规则发生了冲突，这时就会出现优先级的问题。CSS 让元素应用优先级高的选择器定义的样式。

CSS 为每个基础选择器都分配了一个权重，其中，标签选择器具有权重 1，类选择器具有权重 10，ID 选择器具有权重 100。

使用不同的选择器对同一个元素设置样式，浏览器会根据选择器的优先级规则来解析 CSS 样式。如下面的代码：

```
1.  <!DOCTYPE html>
2.  <html>
3.    <head>
4.        <meta charset = "UTF-8">
5.        <title>优先级的问题</title>
6.        <style>
7.            /* 权重为:100 +10 +1 */
8.            #box1 .spec2 p{
9.                color:red;
10.            }
11.            /* 权重为:1 +1 +100 +1 */
12.            div div #box3 p{
13.                color:blue;
14.            }
15.            /* 权重为:1 +10 +1 +10 +1 +10 +1 */
16.            div.spec1 div.spec2 div.spec3 p{
17.                color:gray;
18.            }
19.        </style>
20.    </head>
21.    <body>
22.        <div id="box1" class="spec1">
23.            <div id="box2" class="spec2">
24.                <div id="box3" class="spec3">
25.                    <p>猜猜我的颜色</p>
26.                </div>
27.
28.            </div>
29.
30.        </div>
31.    </body>
32.  </html>
```

浏览器中的显示效果如图 3-10 所示。

猜猜我的颜色

图 3-10　CSS 优先级示例效果

通过浏览器显示效果发现，段落文本显示的是红色。因为根据权重的规则，"#box1. spec2 p"这个选择器的权重为 100 + 10 + 1，是最大的，所以文本的字体颜色为红色。

在考虑权重时还需要注意，继承样式的权重为 0，即在嵌套的结构中，不管元素样式的权重多大，被子元素继承时它的权重都为 0，也就是说，子元素定义的样式会覆盖继承来的样式。如下面的 CSS 代码：

```
div#cascade _ demo p#inheritance _ fact{color:blue;}   权重:1 + 100 + 1 + 100
```

作用在下面的标签中：

```
1. < div id = "cascade _ demo" >
2.     <p id = "inheritance _ fact">在 CSS 中,继承样式的 <em>权重为 0 </em> </p>
3. </div>
```

此时会导致"权重为 0"的字体颜色变成蓝色，因为它从父元素 p 那里继承了这个颜色值。

假如给 em 添加如下的一条规则：

```
em{color:red;}   //权重:1
```

在浏览器中显示时会发现，"权重为 0"的字体颜色变为了红色。这是因为，虽然"div#cascade- demo p#inheritance- fact"选择器的权重为 202，但是被 em 继承时权重为 0，而 em 选择器的权重为 1，大于继承样式的权重，优先级高，所以最终文本的字体颜色显示为红色。

优先级的概念确实不太好理解。特别是在 CSS 经验还不够时，理解起来就更不容易了。下面总结了几条规则，不仅适用于所有情况，而且也更容易记住。

规则一：包含 ID 的选择器胜过包含类的选择器，包含类的选择器胜过包含标签名的选择器。

规则二：如果几个不同来源都为同一个标签的同个属性定义了样式，那么内联样式胜过嵌入样式，内部嵌入样式胜过外部链接样式。在链接的样式表中具有相同权重的样式，后声明的胜过先声明的。

规则一胜过规则二。换句话说，如果选择符更明确（权重更高），无论它在哪里，都会胜出。

规则三：设定的样式胜过继承的样式（继承样式的权重为 0）。

3. ！important 关键字

！important 关键字用来强制提升某条声明的重要性。如果在不同选择器中定义的声明发生了冲突，而且某条声明后带有！important，则优先级规则为！important ＞ 内联样式 ＞ ID 样式 ＞ 类别样式 ＞ 标签样式。说到底，这就是一种特权，只要某个选择器加上了！important 关键字，那么它的优先级就最高，其他叠加的样式效果就不起作用了。

【任务3-4】 设计"旅游网"布局

学习完上面的知识后，现在做一个旅游网站的专题首页。首先做一些准备工作，进行页面结构布局，然后再开始制作相应的模块。

1. 新建项目

在 HBuilder 中选择"文件">"新建">"Web 项目"命令，在打开的"新建项目"对话框中进行参数设置，如图 3-11 和图 3-12 所示。

图 3-11　选择命令

新建项目

图 3-12　旅游网项目创建参数设置

2. 创建目录并导入素材

在项目下创建目录，如图 3-13 所示。

使用鼠标在项目文件夹 img 上右击，在弹出的快捷菜单中选择"打开文件所在目录"

命令，将素材图片导入，如图 3-14 所示。

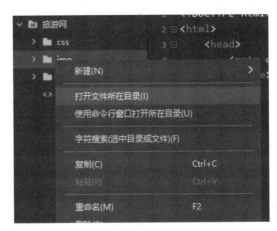

图 3-13　创建目录　　　　　　　图 3-14　导入素材图片

3. 旅游网布局分析

首先对旅游网进行布局，通过布局可以使网站页面结构更加清晰。旅游网分为 4 个模块，分别是导航模块、导语模块、内容模块（磁湖简介模块、黄石风景名胜模块）、页脚模块。在项目文件夹下新建一个工程文件，命名为 project3.html，然后通过 DIV 标签将页面划分为 4 个部分。页面整体布局代码如下：

```
1.  <!DOCTYPE html >
2.  <html >
3.
4.    <head >
5.      < meta http-equiv = "Content-Type" content = "text/html; charset =
utf-8"/>
6.      <title >黄石旅游网 </title >
7.    </head >
8.
9.    <body >
10.      <!--导航模块开始-- >
11.      < div id = "Header" >
12.      </div >
13.      <!--导航模块结束-- >
14.
15.      <!--导语模块开始-- >
16.      < div id = "DY" >
17.      </div >
18.      <!--导语模块结束-- >
19.
20.      <!--内容模块开始-- >
21.      < div id = "Content" >
```

```
22.        </div>
23.        <!--内容模块结束-->
24.
25.        <!--页脚模块开始-->
26.        <div class="footer">
27.        </div>
28.        <!--页脚模块结束-->
29.    </body>
30.
31. </html>
```

从上面的 HTML 代码可以看出，通过 DIV 标签将页面划分成了 4 个模块，如图 3-15 所示。

图 3-15　"旅游网"专题页分析效果图

【任务 3-5】 导航模块制作

1. 效果分析

旅游网的导航模块可以分为左、右两个部分：左边是旅游网的 Logo 图片，可通过标签来显示；右边为导航栏的文本，可通过标签来显示。导航模块分析如图 3-16 所示。

图 3-16　导航模块分析

2. 模块制作代码

导航模块的 HTML 代码如下：

```
1.  <!--导航模块开始-->
2.        <div id="Header">
3.          <div id="nav">
4.            <img src="img/logo1.png" align="left"/>
5.            <p class="menubar">
6.              <a href="#">主  页  </a>|
7.              <a href="#"> 旅游资讯  </a>
8.              <a href="#"> 高端访谈  </a>
9.              <a href="#"> 精彩游记  </a>
10.             <a href="#"> 专题策划</a>
11.           </p>
12.         </div>
13.       </div>
14.       <!--导航模块结束-->
```

为了达到图文混排的效果，代码中的第 4 行通过 <img> 标签显示网站的 Logo 图片，设置左对齐的方式。第 5~11 行通过一个 <p> 标签来显示菜单内容。

3. 控制样式

在样式表文件 style03.css 中编写 CSS 样式代码，用于控制导航模块，具体如下：

```
1.  #Header {
2.      width:100%;
3.      height:50px;
4.      margin:0 auto;
5.      background-color:#0092D7;
6.  }
7.
8.  #nav{
9.      width:1032px;
10.     margin:0 auto;
```

```
11.         }
12.
13.       .menubar{
14.           margin:0 auto;
15.           font-family:"微软雅黑";
16.           font-size:20px;
17.           color:#fff;
18.           height:50px;
19.           line-height:50px;
20.           text-align:right;
21.       }
```

在上述代码中，第2行代码中定义导航模块的宽度为100%，也就是自适应浏览器窗口的宽度。第4行中的"margin：0 auto；"用于设置居中对齐。第5行中的"background-color：#0092D7；"用于设置背景颜色。第9行设置整个导航的宽度为1032px，再通过第10行的"margin：0 auto；"样式来使导航的内容达到居中显示的效果。第15～17行是对菜单的文字设置字体、字号、颜色的效果。为了达到菜单文字在整个DIV空间中的垂直居中的效果，第18～19行通过设置DIV高度和文本行高均为50px来达到垂直居中的效果。第20行设置文本右对齐来使整个菜单在导航模块的右边。

保存project3. html与style03. css文件，刷新页面，效果如图3-17所示。

图3-17　导航模块效果

【任务3-6】　导语模块制作

1. 效果分析

导语模块与导航模块比较相似，左边是一个导语图片，通过标签显示；右边是一个段落文本，通过标签来显示文本。具体分析如图3-18所示。

图3-18　导语模块分析

2. 模块制作代码

在project3. html文件内编写导语模块的HTML代码，具体如下：

```
1.  <!--导语模块开始-->
2.          <div id="DY">
```

```
3.              < img src = "img/dy.png" width = "130" height = "108" align =
"left" hspace = "10"/>
4.          <br/>
5.              为深入贯彻落实党的十九大报告精神要求,适应旅游业发展趋势,做好新形势下旅游市
场开发工作,根据市场需求,结合地域特征显著、民俗特色浓郁的特点,全面打造系列旅游产品,推出了
多条旅游精品线路。此次旅游系列产品打造,突出了体验性和互动性。
6.          </div>
7. <!--导语模块结束-->
```

上述代码中,第 3 行代码设置了图片左对齐,并且设置宽度为 130px,第 4 行使用

标签来使右边的文本模块上面留出一定的留白。其实这种处理方式并不是很好的一
种解决方法,后面学习了盒子模型,会有更好的方法来控制留白。

3. 控制样式

```
1. #DY {
2.      width:1032px;
3.      height:108px;
4.      margin:0px auto;
5.      box-shadow:1px 1px 4px rgba(0,0,0,.3);
6. }
```

第 2 ~ 3 行是设置 DIV 的宽度与高度,第 4 行是设置居中对齐,第 5 行的"box-shadow:
1px 1px 4px rgba(0,0,0,.3)"用于给 DIV 框添加一个阴影。

保存 project3.html 与 style03.css 文件,刷新页面,效果如图 3-19 所示。

图 3-19 导语模块效果

【任务 3-7】 内容模块制作

1. 效果分析

内容模块可以分为两个模块来处理,分别是磁湖简介模块和黄石风景名胜模块。其中,
磁湖简介模块可以通过图文混排的模式来处理,左边是左对齐的图片,右边是通过标签显示
的段落文本。黄石风景名胜模块可以划分为标题部分与风景图片内容显示部分。在风景图片
内容显示部分又分为 4 个模块来显示,交替左右对齐,就可以显示出效果,如图 3-20 所示。

2. 磁湖简介模块制作代码

磁湖简介模块的 HTML 代码如下:

图3-20 内容模块分析

```
1.  <div id="Content">
2.      <!--磁湖风景介绍-->
3.      <div id="C1">
4.      <img src="img/磁湖.png" align="left" hspace="10">
5.
6.          <p align="left">
7.              ※ 磁湖位于黄石市区中心,面积10平方公里,大于著名的杭州西湖,居全国市区内
湖之首,磁湖以湖边盛产磁铁而得名。
8.          </p>
9.          <p align="left">
10.             ※ 相传,宋代文人苏东坡因北宋最有名的文字狱"乌台诗案",谪居黄州。其弟苏辙
乘船溯江去黄州看望。因风浪所阻,遂入磁湖暂避,东坡闻讯赶来,苏氏兄弟畅游磁湖,见到"万顷湖泊一点
山"的鲶鱼墩,遂系舟于此。吟咏唱和,时人刻其诗于碑,是为留在山顶上的苏公石。湖畔有小巧玲珑的苏
式园林,有镌刻中外名家手迹的碑林。据记载,鲶鱼墩上原建有清风阁、木榭亭等,后来都年久失修而废弃。
```

```
11.          </p>
12.          <p align = "left">
13.             ※ 现主要景点有睡美人、鲢鱼墩、澄月岛、团城山公园
```
(逸趣园、映趣园、野趣园)、情人堤(磁湖天地)和秀美的杭州路等。磁湖景区内,山形峻峭,水域纵横,山环水抱,交相辉映,美不胜收。1997 年,磁湖风景区经省政府批准定为省级风景区。
```
14.          </p>
15.       </div>
16.  </div>
```

第 4 行代码在左边显示一张磁湖图片,左对齐。为了在图片右边有一定的留白空间,设置了属性 hspace = "10",这种留白的方式并不是唯一的,在学习了盒子模型的相关知识后,会有更好的解决方式。代码第 6 ~ 14 行用 3 个标签来显示磁湖的介绍性文字。

3. 磁湖简介模块控制样式

```
1.   #Content {
2.       width:1032px;
3.       margin:0px auto;
4.   }
5.
6.   #C1{
7.       height:330px;
8.   }
```

第 2 行代码设置了整个内容模块的宽度为 1032px,并且通过第 3 行代码 "margin: 0px auto;" 来设置整个 DIV 居中,第 7 行代码设置了磁湖简介模块的高度。

4. 黄石风景名胜模块制作代码

黄石风景名胜模块的 HTML 代码:

```
1.  <!--风景名胜标题-->
2.  <div id = "Content">
3.      <div class = "C2">
4.          <h3>  黄石风景名胜</h3>
5.      </div>
6.  <!--风景名胜内容-->
7.  <div class = "C3">
8.      <br/>
9.      <div class = "c3_1">
10.         <img src = "img/黄石东方山景区.png" width = "178" height = "178" class = "img_12"/>
11.         <img src = "img/湖北铜绿山古铜矿遗址.png" width = "178" height = "178" class = "img_07"/>
12.         <img src = "img/黄石西塞山风景区.png" width = "178" height = "178" class = "img_16"/>
```

```
13.                 < img src = "img/雷山风景区.png" width = "178" height = "178"
class = "img _ 09"/>
14.           </div>
15.           < div class = "c3 _ r" >
16.                
17.               < img src = "img/大冶露天采场旧址.png" width = "178" height =
"178" class = "img _ 06"/>
18.               < img src = "img/黄石七峰山生态旅游区.png" width = "178" height =
"178" class = "img _ 11"/>
19.               < img src = "img/黄石湘鄂赣革命烈士陵园.png" width = "178" height =
"178" class = "img _ 13"/>
20.               < img src = "img/黄石磁湖.png" width = "178" height = "178" class =
"img _ 14"/>
21.           </div>
22.           < div class = "c3 _ l" >
23.                
24.               < img src = "img/黄石阳新王英仙岛湖.png" width = "178" height =
"178" class = "img _ 17"/> 
25.               < img src = "img/仙岛湖观音洞.png" width = "178" height =
"178"/>
26.               < img src = "img/仙岛湖野人岛.png" width = "178" height =
"178"/>
27.               < img src = "img/仙龙岛.png" width = "178" height = "178"/>
28.           </div>
29.           < div class = "c3 _ r" >
30.               < img src = "img/花马湖度假村.png" width = "178" height = "
178" class = "img _ 08"/>
31.               < img src = "img/三溪口乡村园博园.png" width = "178" height =
"178"/>
32.           </div>
33.        </div>
34.    </div>
```

第4行代码，通过标签设置了黄石风景名胜模块的标题。第9~32行通过标签来显示14张风景图片。

5. 黄石风景名胜模块样式控制

```
1.    #Content . C2 {
2.        width:1032px;
3.        height:46px;
4.        line-height:46px;
5.        background-color:#0092D7;
6.    }
```

```
7.
8.     #Content.C3 {
9.         width:1022px;
10.        height:880px;
11.        border:5px solid #0092D7;
12.        background:url(img/c3_bg_02.png);
13.     }
14.
15.     #Content.c3_l{
16.        text-align:left;
17.        height:220px;
18.     }
19.
20.     #Content.c3_r{
21.        text-align:right;
22.        height:220px;
23.     }
```

第2行代码设置了标题的宽度。第3~4行代码设置了标题的对齐方式为垂直居中。第9~10行代码设置了黄石风景名胜模块内容的宽度和高度。第11行代码设置了边框的宽度、样式与颜色。第12行代码设置了黄石风景名胜模块DIV的背景图片。关于边框与背景设置的相关知识在盒子模型中将会进行具体介绍，此处直接使用即可。

显示的风景图片要有一种错落有致的效果，所以在第16行与第21行分别采用左、右对齐的样式来设置图片。其实当学习了盒子模型的相关知识后就会知道可以更好地排列图片，甚至可以排列出不规则的样式。

【任务3-8】 页脚模块制作

1. 效果分析

页脚模块总体上是居左排列的，且由图片和多行文本组成。在DIV标签中嵌套DIV，内层DIV用图片和文本来定义。页脚模块如图3-21所示。

图3-21　页脚模块

2. 模块制作代码

```
1.  <!--页脚模块开始-->
2.     <div class = "Bottom">
3.        <div class = "bc">
```

```
4.             < img src = " img/erwei.png" width = "80" height = "80" align = "
left" vspace = "20" hspace = "20" >
5.             < br/> < br/> Powered by 黄石旅游文化网 < br/> Copyright © 2010-
2019 黄石小雨网络科技有限公司
6.          </div >
7.       </div >
8.   <!--页脚模块结束-->
```

第 4 行代码用标签来显示二维码图片，并设置了图片的宽高属性和对齐方式，还通过 vspace、hspace 属性设置图片四周的留白。第 5 行的前两个换行标签 < br/> 是为了调整留白空间，后一个 < br/> 是为了将第 2 行文本切换到新的一行。

3. 控制样式

```
1.  /*-------尾部样式------- */
2.
3.  .Bottom {
4.     width:100%;
5.     height:110px;
6.     margin:0px auto;
7.     background-color:#0092D7;
8.  }
9.
10. .Bottom .bc {
11.    width:1032px;
12.    height:110px;
13.    margin:0px auto;
14. }
```

第 4 行的 CSS 样式设置了页脚的宽度为 100%，此处就是浏览器的窗口宽度，是为了与导航模块的宽度一致。第 7 行的 CSS 样式设置背景颜色与导航模块色彩相同。

保存 project3. html 文件，单击 HBuilder 菜单中的"在浏览器内运行"（Ctrl + R）图标 ，最终效果如图 3-1 所示。

【项目总结】

1. 本项目通过 CSS 样式来控制网页的显示效果。相对于使用 HTML 属性来修饰页面，CSS 样式有更好的可读性与可维护性。希望读者更好地理解 CSS 的样式规则，灵活运用 CSS 的样式表、CSS 的选择器。

2. 由于盒子模型会在后面的章节中介绍，所以很多页面的处理技巧在本章中都比较生硬，比如留白的处理，目前采用的是换行和空格的方式。后继介绍了盒子模型后，会有更好的处理方法。

3. 希望读者对项目勤加练习，对基本的 CSS 用法熟练掌握。

【课后练习】

一、填空题

1. CSS（Cascading Style Sheet）是_____的缩写。

2. CSS 样式定义中可以加入注解，格式为_____。

3. 类选择器名称前面是_____。在 HTML 元素标记中使用_____属性，其属性值为 CSS 类名称。

4. 每一个 HTML 元素都可以指定一个标准的 id 属性的属性值，这个属性值用来_____标识一个 HTML 元素。

5. CSS 样式中引用 id 属性值时前缀是_____号。

6. 伪类是特殊的类，可区别标记的不同状态，伪类最常见的应用是指定超链接 < a > 以不同的方式显示。超链接有 4 个伪类选择器：_____。

二、选择题

1. 在网页中，必须使用（　　）标签来完成超链接。

A. < a > < /a >　　　　B. < p > < /p >　　　C. < link > < /link >　　D. < li > < /li >

2. 下列（　　）可在新窗口中打开网页文档。

A. _ self　　　　　　B. _ blank　　　　　C. _ top　　　　　　D. _ parent

3. 下列（　　）是 HTML 中的行内标签元素。

A. a　　　　　　　　B. span　　　　　　C. i　　　　　　　　D. ul

E. input　　　　　　F. img

4. 下列 CSS 选择器正确的是（　　）。

A. . body . 5　　　　B. . about body　　　C. title a　　　　　D. . about . body

5. 下列（　　）在 CSS 中代表绿色。

A. #green　　　　　　　　　　　　　B. rgb（0，255，0）

C. rgba（0，255，0，1）　　　　　　D. green

6. 文本为 12px，下列（　　）可以实现两倍行高。

A. line- height：2rem　　　　　　　B. line- height：24px

C. line- height：2　　　　　　　　　D. line- height：200%

7. 下列关于圆角边框描述正确的是（　　）。

A. border- radius　　B. border- radios　　C. border- circle　　D. order- ratio

三、问答题

1. CSS 选择器有哪些？哪些属性可以继承？

2. CSS 优先级算法如何计算？

▶项目4

"宠物相册"专题页制作

【项目背景】

目前张小明同学已经自己动手制作了两个网页页面，对前端学习的兴趣愈发浓厚。但张小明同学在制作页面时发现还存在很多问题，如：如何设置各个模块的大小、如何设置漂亮的背景等。他在网上查了些资料，但仍没有头绪，于是就给王叔叔打电话，请教如何解决这些问题。王叔叔说解决这些问题需要学习有关盒子模型的知识。王叔叔又说盒子模型这部分的内容很多，也非常重要，学习过程遇到困难时一定要坚持住，循序渐进，这样才能学好。

需要掌握的盒子模型的一些基本知识：

- 盒子模型的结构。
- 边框属性、内外边距属性和外边距垂直距离的合并。
- 使用背景相关属性设置网页背景的方法。
- 块级元素与行内元素的概念及其相互转换。

当掌握了这些知识后，就可以制作一个实际的项目了，比如可以制作"宠物相册"的网页，效果如图4-1所示。

图4-1 "宠物相册"专题页效果

【任务4-1】 盒子模型的结构

盒子模型是 CSS 的基础之一，它指定元素如何显示以及如何交互。页面上的每个元素都可以看作一个盒子，并占据一定的页面空间。通过 CSS 控制页面时，盒子模型是一个非常重要的概念，同时也是一个抽象概念。要熟练地掌握盒子模型的原理以及每个元素的用法，才能有效地控制元素在页面中的位置。

盒子模型由内容（content）、内边距（padding）、边框（border）和外边距（margin）组成。为了让读者能够较好地理解盒子模型，这里以生活中大家熟悉的照片墙为例来说明其结构，如图 4-2 所示。

图 4-2 照片墙

一个完整的相框通常由照片、照片与边框之间的白色部分和边框 3 部分组成。可以将相框想象为一个页面上的元素，那么这个相框就是一个 CSS 盒子模型。照片就是盒子模型中的内容（content），照片与边框之间的白色部分就是盒子模型中的内边距（padding），边框就是盒子模型中的边框（border）。如图 4-2 所示，照片墙上有多个相框，它们之间的距离就是盒子模型中的外边距（margin）。

下面来看一个具体的实例，通过这个实例来了解什么是盒子模型。新建一个 HTML 页面，在页面中加上一个 div，然后通过相关属性对 div 进行设置，如例 4-1 所示。

例 4-1：

```
1.  <!DOCTYPE html >
2.  <html >
```

```
3.      <head>
4.        <meta charset = "UTF-8">
5.        <title>盒子模型</title>
6.        <style type = "text/css">
7.          div {
8.              background-color:red;       //盒子模型的背景色
9.              width:400px;                //盒子模型的宽度
10.             height:100px;               //盒子模型的高度
11.             border:10px solid green;    //盒子模型的边框
12.             padding:20px;               //盒子模型的内边距
13.             margin:30px;                //盒子模型的外边距
14.          }
15.       </style>
16.     </head>
17.     <body>
18.         <h2>盒子模型演示</h2>
19.         <div>这里的文本是盒子模型的内容。盒子内容宽400px,高度100px,内边距
20px,外边距30px,绿色实线边框10px。</div>
20.     </body>
21. </html>
```

运行该实例，效果如图4-3所示。

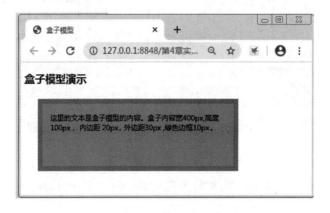

图4-3　盒子模型演示效果

本例中，div就是一个盒子，其结构如图4-4所示。

在网页页面上，每个元素都是一个盒子，多个盒子组合或者嵌套在一起就构成了页面。内容（content）区域由宽度和高度定义，内边距（padding）环绕在内容四周，边框（border）在内边距的外部，最后是与其他盒子起到间隔作用的外边距（margin）。但是在实际的应用中，盒子模型的这4部分不是一定必须都要定义的，要根据实际的需要来确定。

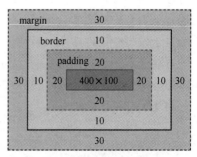

图4-4　盒子模型结构

【任务4-2】 盒子模型的相关属性

了解了盒子模型结构后，需要分别对盒子模型的 4 个部分进行属性设置，这就要对这 4 部分的相关属性有所了解。下面对这 4 部分的属性进行详细讲解。

1. 内容属性

对于内容（content）部分来说，最重要的属性就是宽度（width）和高度（height）。这里要强调的是，宽度（width）和高度（height）指的是盒子内容（content）的宽度和高度，而不是整个盒子的宽度和高度。刚刚接触宽度（width）和高度（height）属性的读者很容易混淆这两者的区别。在介绍完这 4 部分属性后再介绍什么才是整个盒子的宽度和高度。

如例 4-1 所示，对其中的 div 设置了宽度 400px、高度 100px，这里的 400px 和 100px，就分别是 div 这个盒子的内容区域的宽度和高度，从图 4-4 中可以很清楚地看出这一点。

2. 边框属性

对边框（border）属性的设置一般包括 3 个部分，分别是 border-style、border-width 和 border-color。每个分属性可以单独对每条边框进行设置，也可以对边框进行综合属性设置，如表 4-1 所示。

表 4-1 边框（border）属性

设置内容	样式属性	常用属性值
上边框	border-top-width：宽度；	
	border-top-style：样式；	
	border-top-color：颜色；	
	border-top：宽度 样式 颜色；	
右边框	border-right-width：宽度；	
	border-right-style：样式；	
	border-right-color：颜色；	
	border-right：宽度 样式 颜色；	
下边框	border-bottom-width：宽度；	
	border-bottom-style：样式；	
	border-bottom-color：颜色；	
	border-bottom：宽度 样式 颜色；	
左边框	border-left-width：宽度；	
	border-left-style：样式；	
	border-left-color：颜色；	
	border-left：宽度 样式 颜色；	
宽度综合设置	border-width：上边 右边 下边 左边；	像素值
样式综合设置	border-style：上边 右边 下边 左边；	none、solid、dashed、dotted、double
颜色综合设置	border-color：上边 右边 下边 左边；	颜色值、#十六进制
边框综合设置	border：四边宽度 四边样式 四边颜色；	

（1）设置边框样式（border-style）

边框样式可定义元素边框线型，CSS提供的边框样式取值及描述如表4-2所示。

表4-2 边框样式（border-style）属性取值及描述

值	描述
none	无边框
solid	单实线
dashed	虚线
dotted	点线
double	双实线

除了以上几种取值外，还有定义3D边框的若干取值，这里不做要求。

在设置边框样式时，既可以对单条边框进行设置，也可以综合设置4条边的样式。边框样式（border-style）属性单独设置和综合说明如表4-3所示。

表4-3 边框样式（border-style）属性单独设置和综合说明

属性	描述
border-top-style	上边框样式
border-right-style	右边框样式
border-bottom-style	下边框样式
border-left-style	左边框样式
border-style	综合设置边框样式，可以在一个声明中设置元素所有的边框样式属性

综合设置4边样式时，必须要按照上、右、下、左的顺时针顺序来进行设置。但有时也可以省略其中的值，即一个值为4边边框样式，两个值为上下边框样式、左右边框样式，3个值为上边框样式、左右边框样式、下边框样式。

border-style：上边框样式 右边框样式 下边框样式 左边框样式；

border-style：上边框样式 左右边框样式 下边框样式；

border-style：上下边框样式 左右边框样式；

border-style：上下左右边框样式；

下面通过一个实例来演示边框样式的使用。新建HTML页面，并在页面中添加标题和段落文本，然后通过边框样式属性控制标题和段落的边框效果，如例4-2所示。

例4-2：

```
1.  <!DOCTYPE html>
2.  <html>
3.    <head>
4.        <meta charset="UTF-8">
5.        <title>边框样式</title>
6.        <style type="text/css">
```

```
7.          h2 {
8.              border-style:solid;
9.              border-bottom-style:double;
10.           }
11.         .first {
12.             border-top-style:solid;/* 上边框单实线 */
13.             border-right-style:dotted;/* 右边框点线 */
14.             border-bottom-style:dashed;/* 下边框虚线 */
15.             border-left-style:double;/*左边框双实线 */
16.           }
17.         .second {
18.             border-style:solid dotted;/*上下边框单实线,左右边框点线 */
19.           }
20.         .third {
21.             border-style:solid dotted double;/*上边框单实线,左右边框点线,
下边框虚线 */
22.           }
23.        </style>
24.     </head>
25.     <body>
26.        <h2>边框样式</h2>
27.        <p class="first">元素的边框 (border) 是围绕元素内容和内边距的一条或多
条线。CSS border 属性允许你规定元素边框的样式、宽度和颜色。</p>
28.        <p class="second">CSS 边框是在 HTML 中,我们使用表格来创建文本周围的边
框,但是通过使用 CSS 边框属性,我们可以创建出效果出色的边框,并且可以应用于任何元素。</p>
29.        <p class="third">CSS 规范指出,边框绘制在"元素的背景之上"。这很重要,因
为有些边框是"间断的"(例如,点线边框或虚线框),元素的背景应当出现在边框的可见部分之
间。</p>
30.     </body>
31. </html>
```

运行例 4-2,效果如图 4-5 所示。

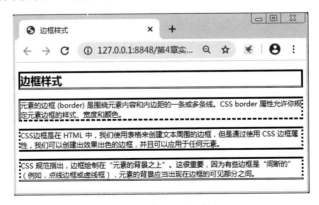

图 4-5   例 4-2 运行效果

（2）设置边框宽度（border-width）

边框宽度（border-width）用于指定盒子模型边框的宽度，CSS 规定的取值及描述如表 4-4 所示。

表 4-4　边框宽度（border-width）属性取值及描述

值	描述
thin	定义细的边框
medium	默认值。定义中等粗细的边框
thick	定义粗的边框
length	允许自定义边框的宽度，常用 px 为单位

在设置边框宽度时，同边框样式一样，既可以对单条边框进行设置，也可以综合设置 4 条边的宽度。单独设置说明如表 4-5 所示。

表 4-5　边框宽度（border-width）属性单独设置说明

属性	描述
border-top-width	上边框宽度
border-right-width	右边框宽度
border-bottom-width	下边框宽度
border-left-width	左边框宽度

综合设置 4 边宽度时，必须要按照上、右、下、左的顺时针顺序来进行设置。但有时也可以省略其中的值，即一个值为 4 边边框宽度，两个值为上下边框宽度、左右边框宽度，3 个值为上边框宽度、左右边框宽度、下边框宽度。这里就不再详细讲解了。

下面通过一个实例来演示边框宽度的使用。新建 HTML 页面，并在页面中添加段落文本，然后通过边框宽度属性控制标题和段落的边框宽度，如例 4-3 所示。

例 4-3：

```
1.  <!DOCTYPE html>
2.  <html>
3.    <head>
4.        <meta charset="UTF-8">
5.        <title>边框宽度(border-width)</title>
6.        <style type="text/css">
7.            p{
8.                border-style:solid;           /*必须要设置边框样式*/
9.                border-width:5px 10px 15px;   /*上边框宽度5px,左右边框宽度
10px,下边框宽度15px*/
10.           }
11.       </style>
12.   </head>
13.   <body>
```

```
14.          <p>
15.            border-width 简写属性为元素的所有边框设置宽度,或者单独地为各边边框设
置宽度。只有当边框样式不是 none 时才起作用。如果边框样式是 none,边框宽度实际上会重置为 0。
不允许指定负长度值。
16.          </p>
17.      </body>
18. </html>
```

运行例4-3,效果如图4-6所示。

图4-6　border-width 属性演示效果

在设置边框宽度时,必须同时设置边框样式,正如例4-3中的文本所写,只有当边框样式不是 none 时,边框宽度才起作用,并且不允许为负值。

（3）设置边框颜色（border-color）

边框颜色（border-color）可指定盒子模型边框的颜色,CSS 规定的取值及描述如表4-6所示。

表4-6　边框颜色（border-color）属性取值及描述

值	描述
color_name	规定颜色值为颜色名称的边框颜色（如 red）
hex_number	规定颜色值为十六进制值的边框颜色（如#ff0000）
rgb_number	规定颜色值为 rgb 数字的边框颜色（如 rgb（255,0,0））

border-color 属性可设置4条边框的颜色,该属性是一个简写属性,可设置一个元素的所有边框中可见部分的颜色,或者为4条边分别设置不同的颜色。对每条边框单独设置时的说明如表4-7所示。

表4-7　边框颜色（border-color）属性单独设置说明

属性	描述
border-top-color	上边框颜色
border-right-color	右边框颜色
border-bottom-color	下边框颜色
border-left-color	左边框颜色

综合设置边框颜色与之前介绍的属性类似,不再详细论述。下面通过一个实例来演示边框颜色的使用。新建 HTML 页面,并在页面中添加标题和段落文本,然后通过设置边框颜色属性和边框样式属性控制段落的边框颜色和样式,如例4-4所示。

例4-4：

```
1.    <!DOCTYPE html>
2.    <html>
3.        <head>
4.            <meta charset="UTF-8">
5.            <title>边框颜色(border-color)</title>
6.            <style type="text/css">
7.                p{
8.                    border-style:solid;
9.                    border-color:red #008000 rgb(0,0,255);   /*上边框颜色红
色,左右边框颜色绿色,下边框颜色蓝色*/
10.               }
11.           </style>
12.       </head>
13.       <body>
14.           <p>
15.               border-color简写属性为元素的所有边框设置颜色,或者单独地为各
边边框设置颜色。只有当边框样式不是 none 时才起作用。如果边框样式是 none,边框颜色不会
起作用。
16.           </p>
17.       </body>
18.   </html>
```

运行例4-4，效果如图4-7所示。

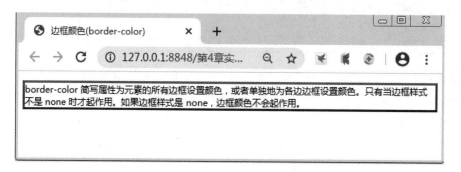

图4-7 border-color属性演示效果

这里也要注意，要先设置好 border-style 属性，否则边框颜色设置无效。

（4）综合设置边框属性

前面将 border 属性拆分成 border-style、border-width 和 border-color 这 3 个分属性来设置。但在实际的应用中，这样书写使得代码烦琐，可以直接在 border 属性中对这 3 部分内容进行设置。

同前面的讲解一样，可以单独对某条边框设置，或者对 4 条边框一起设置相关属性，如表4-8所示。

表 4-8　border 属性单独设置和综合设置说明

值	描述
border- top：上边框宽度 样式 颜色；	上边框宽度 样式 颜色（顺序不分先后，样式不能省略）
border- right：右边框宽度 样式 颜色；	右边框宽度 样式 颜色（顺序不分先后，样式不能省略）
border- bottom：下边框宽度 样式 颜色；	下边框宽度 样式 颜色（顺序不分先后，样式不能省略）
border- left：左边框宽度 样式 颜色；	左边框宽度 样式 颜色（顺序不分先后，样式不能省略）
border：4 条边框宽度 样式 颜色；	4 条边框宽度 样式 颜色（顺序不分先后，样式不能省略）

　　这里要根据具体的情况区分使用，如果是单条边框宽度、样式和颜色的设置，可以使用 border- top、border- right、border- bottom 或者 border- left。如果是对 4 条边框统一设置，则要使用 border 属性综合设置。

　　下面通过一个实例来演示综合设置边框属性。新建 HTML 页面，并在页面中添加标题和段落文本，然后通过边框颜色属性和边框样式属性控制段落的边框颜色及样式，如例 4-5 所示。

例 4-5：

```
1.  <!DOCTYPE html >
2.  <html >
3.    <head >
4.        <meta charset = "UTF-8" >
5.        <title >border 综合设置</title >
6.        <style type = "text/css" >
7.            h2{
8.                border-bottom:3px solid black;
9.            }
10.           img{
11.               border-top:5px solid blue;
12.               border-right:10px solid orange;
13.               border-bottom:5px dotted goldenrod;
14.               border-left:10px dashed greenyellow;
15.           }
16.           p{
17.               font-size:20px;
18.               border:5px double lightgray;
19.           }
20.       </style >
21.   </head >
22.   <body >
23.       <h2 >物种始源</h2 >
24.       <img src = "../img/timg.jpg"  />
```

```
25.        <p>猫,分多种,是鼠的天敌。各地都有畜养。有黄、黑、白、灰等各种颜色;身形像狸,
   外貌像老虎,毛柔而齿利(有几乎无毛的品种)。以尾长腰短,目光如金银,上腭棱多的最好。身体小巧,
   样子招人喜爱。好奇心重。</p>
26.    </body>
27.</html>
```

运行例4-5,效果如图4-8所示。

图4-8　border综合设置演示

在例4-5中,h2标题和img图片都采用了单条边框设置的方式。文本p则采用综合的边框设置方式,一次性地设置4条边框的宽度、样式和颜色。

3. 内边距属性

内边距（padding）是指内容（content）区域与内边距（padding）之间的距离,有的书上也翻译为填充,如图4-9所示。

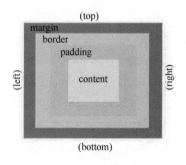

可以通过padding-top、padding-right、padding-bottom和padding-left属性对元素的上、右、下、左4个方向的内边距进行设置,也可以通过padding属性对其进行4个方向内边距的综合设置。

内边距的属性及描述如表4-9所示。

图4-9　内边距示意图

表4-9　内边距（padding）属性描述

属性	描述
padding-top	上内边距
padding-right	右内边距
padding-bottom	下内边距
padding-left	左内边距
padding	内边距,可以在一个声明中设置元素所有的内边距属性

使用padding属性综合设置4个方向的内边距时,要按照上、右、下、左顺时针的顺序进行设置,省略时采用值复制的方式,即一个值为4边内边距宽度,两个值为上下内边距宽

度、左右内边距宽度，3 个值为上内边距宽度、左右内边距宽度、下内边距宽度。

padding：上内边距　右内边距　下内边距　左内边距；

padding：上内边距　左右内边距　下内边距；

padding：上下内边距　左右内边距；

padding：上、右、下、左内边距；

在上面的设置中，padding 相关属性的取值及描述如表 4-10 所示。

表 4-10　padding 属性取值及描述

值	描述
length	定义一个固定的内边距（使用 px、pt、em 等）
%	使用百分比值定义一个内边距

其中，百分比的方式是相对于该元素的父元素的宽度而言的，与父元素的高度无关。

如表 4-10 所示，设置内边距既可以单独设置某个方向的内边距，也可以综合设置 4 个方向内边距，下面通过一个实例来演示其效果，如例 4-6 所示。

例 4-6：

```
1.  <!DOCTYPE html>
2.  <html>
3.    <head>
4.      <meta charset="UTF-8">
5.      <title>内边距 padding 属性</title>
6.      <style type="text/css">
7.        div{
8.          width:80px;
9.          height:86px;
10.         background-color:blue;
11.         border:1px solid red;
12.         margin:5px;
13.       }
14.       .div1{
15.         padding:10px;           //上、右、下、左 4 个方向的内边距都为 10px
16.       }
17.       .div2{
18.         padding:10px 20px;      //上下内边距为 10px,左右内边距为 20px
19.       }
20.       .div3{
21.         padding:10px 20px 30px;/*上内边距为 10px,左右内边距为 20px,下内
边距为 30px*/
22.       }
23.       .div4{
```

```
24.              padding:10px 20px 30px 40px;     /*上内边距为10px,右内边距为
20px,下内边距为30px,左内边距为40px*/
25.           }
26.        .div5{
27.           padding-top:10px;    /*与div4的效果完全一样,只是分开来写*/
28.           padding-right:20px;
29.           padding-bottom:30px;
30.           padding-left:40px;
31.        }
32.     </style>
33.   </head>
34.   <body>
35.     <h2>内边距</h2>
36.        <div class="div1"><img src="../img/0037037706390953_ba.jpg"/></div>
37.        <div class="div2"><img src="../img/0037037706390953_ba.jpg"/></div>
38.        <div class="div3"><img src="../img/0037037706390953_ba.jpg"/></div>
39.        <div class="div4"><img src="../img/0037037706390953_ba.jpg"/></div>
40.        <div class="div5"><img src="../img/0037037706390953_ba.jpg"/></div>
41.
42.   </body>
43. </html>
```

内边距

运行例4-6,效果如图4-10所示。

在上述代码中,.div1到.div4通过padding属性对内边距进行了统一设置,而.div5则是对每个内边距单独分别设置。其中,.div4和.div5的效果完全一样。

4. 外边距属性

在网页布局中,常常会要求盒子在水平或者垂直方向上有一定的间距,这时就需要为盒子设置外边距。在CSS中,外边距为围绕在元素边框的空白区域。设置外边距会在元素外创建额外的"空白"。

设置外边距最简单的方法就是使用margin属性,这个属性接收任何长度单位、百分数值甚至负值。外边距与内边距相似,可以对上、右、下、左4个外边距分别进行设置,也可以统一进行设置,外边距的属性及描述如表4-11所示。

设置外边距既可以单独设置某个方向的外边距,也可以综合设置4个方向的外边距,和前面所讲的内边距的设置是一样的。

下面通过一个实例来演示外边距的设置效果,如例4-7所示。

图4-10　内边距综合设置演示效果

表 4-11 margin 属性及描述

属性	描述
marging- top	上外边距
marging- right	右外边距
marging- bottom	下外边距
marging- left	左外边距
marging	外边距，可以在一个声明中设置元素所有的外边距属性

例 4-7：

```
1.  <!DOCTYPE html >
2.  <html >
3.    <head >
4.        <meta charset = "UTF-8" >
5.        <title >margin 设置 </title >
6.        <style type = "text/css" >
7.            h2{
8.                text-align:center;
9.                color:orange;
10.            }
11.            .container{
12.                width:900px;
13.                border:1px solid brown;
14.                margin:0 auto;   //整个盒子居中
15.            }
16.            .firstImg {
17.                width:200px;
18.                height:300px;
19.                margin:10px 20px 30px 40px;   / * 上、右、下、左外边距分别为10px、
20px、30px、40px * /
20.            }
21.            .secondImg {
22.                width:200px;
23.                height:150px;
24.                margin-left:20px;      //左外边距为20px
25.            }
26.            .thirdImg{
27.                width:200px;
28.                height:300px;
29.                margin-left:10px;      //左外边距为10px
30.                margin-bottom:30px;    //下外边距为30px
31.            }
```

```
32.        </style >
33.    </head >
34.    <body >
35.        <h2 >外边距设置 </h2 >
36.        < div class = "container" >
37.            < img class = "firstImg" src = ".. /img/fengjing1.jpg"/>
38.            < img class = "secondImg" src = ".. /img/fengjing2.jpg"/>
39.            < img class = "thirdImg" src = ".. /img/fengjing3.jpg"/>
40.        </div >
41.
42.    </body >
43. </html >
```

运行例 4-7，效果如图 4-11 所示。

外边距设置

图 4-11　外边距设置演示效果

在例 4-7 的代码中，将 div 这个盒子的外边距设置为"margin：0 auto"，表示这个盒子的上下外边距为 0，左右外边距均分空白区域，从而使得整个 div 水平居中。在实际应用中经常使用这种方式使得块级元素水平居中。第一幅图片采用 margin 综合设置使得其上、右、下、左外边距分别是 10px、20px、30px、40px。第二幅图片采用单边外边距设置左外边距为 20px。第三幅图片采用单边外边距设置左、下外边距分别为10px 和 30px。

5. 外边距合并

外边距合并指的是，当两个垂直外边距相遇时，它们将合并形成一个外边距。合并后的外边距的高度等于两个进行外边距合并的高度中较大者的高度。外边距的合并分为 3 种情况：垂直元素间的外边距合并、包含元素间的外边距合并和空元素外边距合并。

（1）垂直元素间的外边距合并

当上下相邻的两个兄弟元素相遇时，如果上面的元素有下外边距，下面的元素有上外边距，则这两个元素在垂直方向上的外边距并不是两者之和，而是两个外边距中较大者的外边距，如图 4-12 所示。

在图 4-12 中，两个元素之间的外边距不是（20 + 10）px = 30px，而是选取两者中的大者，也就是合并之后两个元素之间的外边距是 20px。下面来看一个具体的实例，如例 4-8 所示。

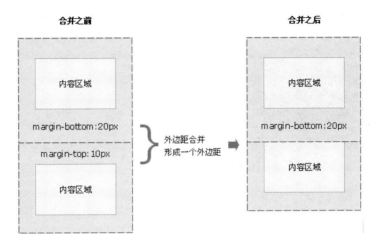

图 4-12　垂直外边距合并

例 4-8:

```
1.  <!DOCTYPE html >
2.  <html >
3.    <head >
4.      <meta charset = "UTF-8" >
5.      <title >相邻元素垂直外边距合并</title >
6.      <style type = "text/css" >
7.        div{
8.          width:200px;
9.          height:200px;
10.         border:1px solid red;
11.         background-color:lightgray;
12.       }
13.       .one{
14.         margin-bottom:20px;
15.       }
16.       .two{
17.         margin-top:10px;
18.       }
19.     </style >
20.   </head >
21.   <body >
22.     <div class = "one" ></div >
23.     <div class = "two" ></div >
24.   </body >
25. </html >
```

运行例 4-8,效果如图 4-13 所示。

这两个 div 垂直方向上的外边距为 20px,而不是第一个 div 下外边距和第二个 div 上外

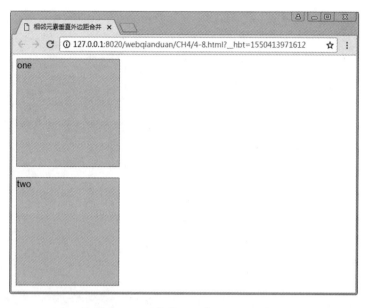

图4-13　垂直外边距合并演示效果

边距之和。读者可以通过浏览器开发者工具查看两个 div 在垂直方向上外边距的距离为 20px，也就是 margin-bottom 和 margin-top 中的较大者。

（2）包含元素间的外边距合并

对于两个包含关系的块元素，如果父元素不存在 border-top、padding-top、inline content、清除浮动这4条属性，则父元素的上外边距会与子元素的上外边距进行合并，也就是选取两者中的较大者为父元素的外边距，如图4-14所示。

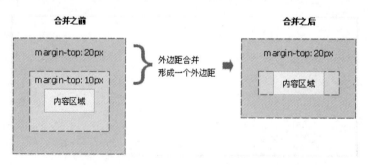

图4-14　包含元素间的外边距合并

在图4-14中，合并之前，父元素的 margin-top 为 20px，包含在之内的子元素的 margin-top 为 10px。如果父元素没有设置上内边距或者边框，则这两个外边距就会发生合并，形成一个外边距（较大者）。下面来看一个具体的实例，如例4-9所示。

例4-9：

```
1. <!DOCTYPE html>
2. <html>
3.   <head>
```

```
4.          <meta charset = "UTF-8">
5.      <title>块级父元素与其第一个子元素的外边距合并</title>
6.      <style type = "text/css">
7.          * {
8.              margin:0;
9.              padding:0;
10.             border:0;
11.         }
12.
13.         .div1 {
14.             width:300px;
15.             height:300px;
16.             margin-top:50px;
17.             background:red;
18.         }
19.
20.         .div2 {
21.             width:200px;
22.             height:200px;
23.             margin-top:20px;
24.             background:yellow;
25.         }
26.     </style>
27. </head>
28.
29. <body>
30.     <div class = "div1">
31.         <div class = "div2"></div>
32.     </div>
33. </body>
34. </html>
```

运行例4-9，效果如图4-15所示。

在本例中，父元素的margin-top为50px，包含在之内的子元素的margin-top为20px。并且父元素没有border-top、padding-top、inline content、清除浮动这4条属性，则父子元素的margin-top就会发生合并，为二者中的较大者，也就是50px。可以使用浏览器开发者工具查看红色div在垂直方向上与浏览器边框的外边距距离。当父元素存在border-top、padding-top、inline content、清除浮动这4条属性中的一个或多个时，则父子元素之间的margin-top就不会发生合并，这里不做过多说明。

（3）空元素外边距合并

如果存在一个空的块级元素，其border、padding、inline content、height、min-height都不存在，此时它的上下外边距将会合并，如图4-16所示。

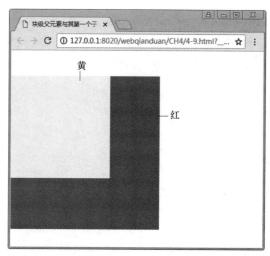

图 4-15　包含元素间的外边距合并演示效果

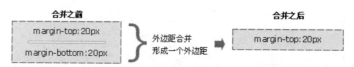

图 4-16　空元素外边距合并

下面来看一个具体的实例，如例 4-10 所示。

例 4-10：

```
1.  <!DOCTYPE html>
2.  <html>
3.    <head>
4.      <meta charset="UTF-8">
5.      <title>空元素合并</title>
6.      <style type="text/css">
7.        p{
8.          background:red;
9.        }
10.       div {
11.         margin-top:20px;
12.         margin-bottom:100px;
13.       }
14.     </style>
15.   </head>
16.   <body>
17.       <p>第1段文本</p>
18.       <div></div>
19.       <p>第2段文本</p>
20.   </body>
21. </html>
```

运行例4-10，效果如图4-17所示。

图4-17　空元素外边距合并演示效果

在例4-10中，两个<p>标签之间有一个div，但是这个div是一个空元素，只设置了margin-top和margin-bottom。此时，空div就会发生外边距合并，取得margin-top和margin-bottom中的较大者，也就是100px。这两个<p>之间的距离就是100px。

不能发生外边距合并的两个情况如下：

1）设置了overflow：hidden属性的元素，不和它的子元素发生margin合并。

2）只有块级元素之间的垂直外边距才会发生外边距合并。行内元素、浮动元素或绝对定位元素之间的垂直外边距不会合并。

6. 盒子模型的宽与高

在学完了盒子模型的结构后，可以来看看这个问题：盒子模型的宽与高各是多少？有读者可能会马上想到盒子模型中定义的属性width和height。其实这是初学者的一个误区，盒子模型中定义的属性width和height仅仅指块级元素内容的宽度与高度。从前面所讲的盒子模型结构来看，盒子模型包含4个部分：内容区域、内边距、边框和外边距。这4者合起来才是盒子模型的宽度与高度。

CSS规定盒子模型的总宽度和总高度的计算原则如下：

- 盒子的总宽度 = width + 左右内边距之和 + 左右边框宽度之和 + 左右外边距之和
- 盒子的总高度 = height + 上下内边距之和 + 上下边框宽度之和 + 上下外边距之和

7. 背景（background）属性

背景（background）属性是一个复合属性，CSS 1.0中包含了5个分属性：background-color、background-image、background-position、background-repeat和background-attachment。下面详细讲解每个分属性的取值和应用，以及背景（background）属性的综合设置。

（1）背景颜色（background-color）

background-color可为网页页面元素设置背景颜色，一般而言是纯色，不是渐变色。属性取值与前面讲解的border-color一样，如表4-12所示。

表 4-12　**background-color 属性取值及描述**

值	描述
color_name	规定颜色值为颜色名称的边框颜色（如 red）
hex_number	规定颜色值为十六进制值的边框颜色（如#ff0000）
rgb_number	规定颜色值为 rgb 数字的边框颜色（如 rgb（255，0，0））
transparent	指定背景颜色应该是透明的。这是默认值

background-color 属性的默认设置为 transparent，背景颜色会显示父元素或者祖先元素的背景颜色。下面通过一个实例来演示边框颜色的使用。新建 HTML 页面，并在页面中添加标题和段落文本，然后通过边框颜色属性和边框样式属性控制段落的边框颜色及样式，如例 4-11 所示。

例 4-11：

```
1.  <!DOCTYPE html>
2.  <html>
3.    <head>
4.        <meta charset="UTF-8">
5.        <title>背景颜色(background-color)</title>
6.    <style>
7.  body
8.  {
9.      background-color:lightcoral;
10. }
11. h2
12. {
13.     background-color:#00ff66;
14. }
15. p
16. {
17.     background-color:rgb(255,10,200);
18. }
19. </style>
20. </head>
21. <body>
22. <h2>标签定义及使用说明</h2>
23. <p>background-color 属性设置一个元素的背景颜色。元素的背景是元素的总大小,包括
填充和边界(但不包括边距)。</p>
24. </body>
25. </html>
```

运行例 4-11，效果如图 4-18 所示。

在图 4-18 中，body 的背景色为 lightcoral，标题文本颜色为#00ff66，段落文本颜色为 rgb（255，10，200）。因为 h2 和 p 都各自设置了背景色，所以就没有显示为 body（父元素）的背景色。

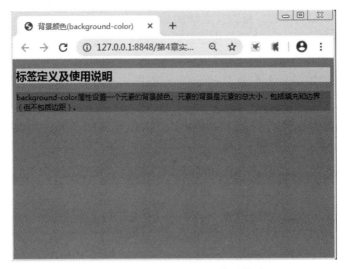

图 4-18　background-color 设置演示

（2）背景图片（background-image）

除了设置颜色为背景色，还可以使用图片作为网页页面背景。对例 4-11 中的 < body > 增加 background-image 属性设置，提前准备一个背景图片，这里提供一个 1 ×50px 大小的渐变色图片作为 body 的背景图片。修改 body 的 CSS 样式代码为：

```
body
{
    background-color:lightcoral;
    background-image:url(../img/bg-1.jpg);    //设置背景图片为bg_1.jpg
}
```

修改例 4-11 中 23 行的代码为： < p > background-image 属性设置一个元素的背景图像。元素的背景是元素的总大小，包括填充和边界（但不包括边距）。

运行修改后的程序例 4-11，效果如图 4-19 所示。

图 4-19　background-image 设置演示效果

在图 4-19 中, 1×50px 的背景图片自动铺满整个 body。同样, 由于 h2 和 p 元素设置了 background-color, 所以 body 的背景图片并没影响这两个元素的背景色显示。

(3) 背景平铺 (background-repeat)

在例 4-11 中, 背景图片大小为 1×50px, 但在图 4-19 中, 程序运行结果背景图片铺满了整个 body, 这是背景平铺 (background-repeat) 属性默认设置形成的效果。当不需要将背景图片铺满整个元素时, 就要设置 background-repeat 为其他取值。在 CSS 中, background-repeat 的取值及描述如表 4-13 所示。

表4-13　background-repeat 属性取值及描述

值	描述
repeat	背景图像将向垂直和水平方向重复。这是默认值
repeat-x	只有水平位置会重复背景图像
repeat-y	只有垂直位置会重复背景图像
no-repeat	背景图像不会重复

例如, 在例 4-11 中, 希望背景图片按水平方向平铺, 则可将 body 的 CSS 代码修改如下:

```
body
{
    background-color:lightcoral;
    background-image:url(../img/bg-1.jpg);   //设置背景图片为 bg_1.jpg
    background-repeat:repeat-x;              //背景图片按 x 方向平铺
}
```

运行修改后的程序, 效果如图 4-20 所示。

图4-20　背景平铺演示效果

此时, 背景图片只按水平方向平铺, 背景图片平铺不到的地方就会显示 body 中设置的背景颜色。可以同时设置背景图片和背景颜色, 但背景图片的优先级别要比背景颜色高。

（4）背景定位（background-position）

如果将background-repeat设置为no-repeat，背景图片会按原样显示在元素的左上角。在具体应用中，有时需要将背景图片设定在某一具体的位置，此时就需要设置背景定位（background-position）这个属性。

在CSS中background-position的取值及描述如表4-14所示。

表4-14 background-position属性取值及描述

值	描述
top left	
top center	
top right	
center left	
center center	如果仅规定了一个关键词，那么第二个值将是"center"
center right	默认值：0% 0%
bottom left	
bottom center	
bottom right	
x% y%	第一个值表示水平位置，第二个值表示垂直位置 左上角是0% 0%，右下角是100% 100% 如果仅规定了一个值，另一个值将是50%
xpos ypos	第一个值表示水平位置，第二个值表示垂直位置 左上角是0 0。单位是像素（0px 0px）或任何其他的CSS单位 如果仅规定了一个值，另一个值将是50% 可以混合使用%和position值

从CSS规定的取值来看，background-position的取值通常是两个，中间用空格隔开，用于定义背景图片在水平和垂直方向的位置。background-position属性的取值有以下3种方式。

1）使用给定的关键字：指定背景图片在元素中的显示位置。

水平方向的关键字：left、center、right。

垂直方向的关键字：top、center、bottom。

水平和垂直方向的关键字顺序任意，例如，left top和top left指定的效果是一样的。有一种情况要说明，有时只有一个关键字，则默认另一个省略的关键字为center。例如，right等价于right center或center right。

2）采用百分比方式：按背景图片和元素指定点对齐。

0% 0%：表示图片左上角与元素左上角对齐。

50% 50%：表示图片50% 50%中心点与元素50% 50%中心点对齐。

100% 100%：表示图片右下角与元素右下角对齐。

两个值中的第一个值表示水平方向，第二个值表示垂直方向，与关键字定义的方式不同，不能任意交换次序。如果只有一个取值，则作为水平值，垂直值默认为50%。

3）使用具体的数值：直接设置图片左上角在元素中的坐标值。

注意： 采用百分比方式和具体数值方式的对应点是不一样。百分比方式下，图片与元素的对应点是随百分比的不同而变化的，具体数值方式则始终是图片左上角。

下面通过一个实例来演示背景定位（background-position）的使用。新建 HTML 页面，并在页面中添加 div，然后通过设置 div 的样式来显示背景图片的定位效果，如例 4-12 所示。

例 4-12：

```
1. <!DOCTYPE html>
2. <html>
3. <head>
4. <style type="text/css">
5. .wrap1{
6.     width:300px;
7.     height:300px;
8.     border:1px solid green;
9.     background-image:url(../img/hehua.jpg);
10.    background-repeat:no-repeat;
11.    background-position:50% 50%;
12. }
13. .wrap2{
14.    width:300px;
15.    height:300px;
16.    border:1px solid green;
17.    background-image:url(../img/hehua.jpg);
18.    background-repeat:no-repeat;
19.    background-position:30px 80px;
20. }
21. </style>
22. </head>
23. <body>
24. <div class="wrap1"></div><br/>
25. <div class="wrap2">
26. </div>
27. </body>
28. </html>
```

运行例 4-12，效果如图 4-21 所示。

在图 4-21 中，.wrap1 采用百分比方式定位，背景图片中心点与 .wrap1 的中心点对齐。.wrap2 采用数值方式定位，背景图片左上角与上边框和左边框的距离分别是 30px 和 80px。

（5）背景固定（background-attachment）

background-attachment 设置背景图像是否固定或者随着页面的其余部分滚动。在 CSS 中，background-attachment 的取值及描述如表 4-15 所示。

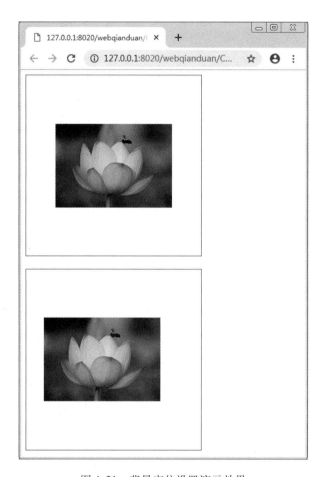

图 4-21　背景定位设置演示效果

表 4-15　background-attachment 属性取值及描述

值	描述
scroll	背景图片随页面的其余部分滚动。这是默认值
fixed	背景图像是固定的

　　下面通过一个实例来演示背景固定（background-attachment）属性的使用。新建 HTML 页面，并在页面中添加标题和文本，然后通过设置相关样式来显示背景图片固定效果，如例 4-13 所示。

例 4-13：

```
1.  <!DOCTYPE html >
2.  <html >
3.
4.    <head >
5.      <meta charset = "UTF-8" >
6.      <title >背景固定(background-attachment) </title >
7.      <style type = "text/css" >
```

```
8.          .wrap1 {
9.              width:300px;
10.             height:300px;
11.             border:1px solid green;
12.             background-image:url(../img/hehua.jpg);
13.             background-repeat:no-repeat;
14.             background-position:30px 80px;
15.             background-attachment:fixed;
16.             color:orange;
17.         }
18.     </style>
19.   </head>
20.   <body>
21.     <div class="wrap1">
22.         <h2>《祝英台近·荷花》</h2>
23.         <p>拥红妆,翻翠盖,花影暗南浦。<br/>波面澄霞,兰艇采香去。<br/>有人
水溅红裙,相招晚醉,<br/>正月上、凉生风露。<br/>两凝伫。别后歌断云间,娇姿黯无语。<br/>
魂梦西风,端的此心苦。<br/>遥想芳脸轻嚬,凌波微步,<br/>镇输与、沙边鸥鹭。
24.         </p>
25.     </div>
26.   </body>
27. </html>
```

运行例4-13,效果如图4-22所示。

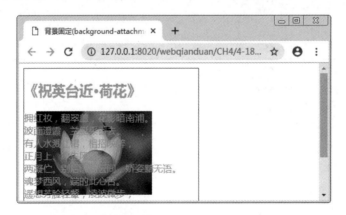

图4-22　background-attachment设置演示效果

在图4-22中,拖动窗口中的滚动条,背景图片的位置不会发生变化。

（6）综合设置元素的背景

background除了可以对每个分属性单独设置之外,也可以将各个分属性综合设置。使用background属性综合设置的语法格式如下:

background：背景色 url（"背景图片"） 平铺　定位　固定;

综合设置时各属性值顺序任意,中间用空格隔开,可以省略其中的某项。如例4-13中

的 . wrap1 中的 {background-image：url（. ./img/hehua. jpg）；background- repeat：no- repeat；background- position：30px 80px；background- attachment：fixed；}，这部分可以写为 {back-ground：url（. ./img/hehua. jpg）no- repeat 30px 80px fixed；}，两者效果一样。综合设置显得更加简洁。

【任务4-3】 块级元素与行内元素之间的转换

1. 元素类型

在 CSS 中，HTML 中的标签元素大体被分为 3 种不同的类型：块级元素、内联元素（又叫行内元素）和内联块级元素。下面对 3 种不同的类型进行详细说明。

（1）块级元素

块级元素是最常见也是最常用的元素，div、p、h1 ~ h6 等都是块级元素。这类元素的特点是：

- 每个块级元素都从新的一行开始，并且其后的元素也另起一行。
- 元素的高度、宽度、行高以及顶和底边距都可设置。
- 元素宽度在不设置的情况下，是它本身父容器的 100%（和父元素的宽度一致），除非设定一个宽度。
- 块级元素中可以包含块级元素和行内元素。

常用的块级元素包括 div、p、h1 ~ h6、ol、ul、dl、table 等，其中，div 是最常用的块级元素。

（2）内联元素

内联元素也称为行内元素，其特点如下：

- 和其他元素都在一行上。
- 元素的高度、宽度及顶和底边距不可设置。
- 元素的宽度就是它包含的文字或图片的宽度，不可改变。

常用的内联元素包括 a、span、br、i、em、strong、label 等。在 HTML 中，span 就是典型的内联元素（行内元素）。

（3）内联块级元素

还有一类较为特殊的元素，就是内联块级元素。内联块状（inline-block）元素同时具备内联元素、块级元素的特点。其特点如下：

- 和其他元素都在一行上。
- 元素的高度、宽度、行高以及顶和底边距都可设置。

简而言之，就是这类元素兼具块级元素和内联元素的特点，既可以在同一行上，又可以设置宽度和高度。

常用的内联块状元素有 img、input。

2. 元素类型相互转换

网页的布局千变万化，页面上的元素有时需要从块级元素转换为内联元素，或者从内联元素转换为块级元素，主要是为了处理块级元素独占一行或者内联元素不能设置宽度和高度的问题，可以使用 display 属性对元素的类型进行转换。

在 CSS 中，display 属性的值有多个，这里只选取与前面讲解对应的 4 个值，取值及描述如表 4-16 所示。

表 4-16 display 属性取值及描述

值	描述
none	此元素不会被显示
block	此元素将显示为块级元素，此元素前后会带有换行符
inline	默认值。此元素会被显示为内联元素，元素前后没有换行符
inline-block	行内块元素（CSS 2.1 新增的值）

使用 display 属性可以对元素类型进行转换，使得块级元素以内联元素方式显示或者内联元素以块级元素方式显示。下面以 div 和 span 为例对元素类型转换进行举例说明。

（1）div 元素

div（division）简单而言是一个区块容器标签，也就是说 < div > 标签对之间相当于一个容器，可以容纳段落、标题、表格、图片等各种 HTML 元素。可以把 < div > 标签对中的内容看作一个独立的对象，用于 CSS 的控制。声明时只需要对 div 进行相应的设置，其中的各标签元素都会随之改变。通常与 id、class 等属性配合，然后使用 CSS 设置样式，可以使得div 及其内部包含的元素样式发生改变。

下面来看一个具体的实例，如例 4-14 所示。

例 4-14：

```
1.  < !DOCTYPE html >
2.  < html >
3.    < head >
4.      < meta charset = "UTF-8" >
5.      < title >div 元素</title >
6.      < style type = "text/css" >
7.        div{
8.          font-size:20px;
9.          font-family:"微软雅黑";
10.         font-weight:bold;
11.         color:red;
12.         background-color:lightblue;
13.         text-align:center;
14.         width:300px;
15.         height:200px;
16.        }
17.      </style >
18.    </head >
19.  < body >
20.    < div >
21.        这是一个div标签
```

```
22.        </div>
23.    </body>
24. </html>
```

运行例 4-14，效果如图 4-23 所示。

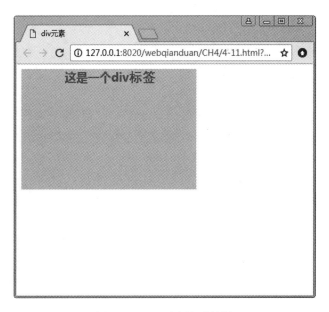

图 4-23   div 元素演示效果

在例 4-14 中，通过对 div 的属性设置，显示了一个宽 300px、高 200px 的 div 元素，并对其中的文本进行了相关属性设置。

（2）span 元素

span 与 div 一样，作为容器标签而被广泛应用在 HTML 语言中。只是 < span > 标签对之间包含的是内联元素，不能包含块级元素。< span > 标签常用在某些特殊显示的文本中，要配合 class 属性或者 id 属性使用。因为 < span > 标签本身没有默认的样式，所以必须要额外地加上具体样式才能发生作用。

下面来看一个具体的实例，如例 4-15 所示。

例 4-15：

```
1. <!DOCTYPE html >
2. <html >
3.    <head >
4.        < meta charset = "UTF-8" >
5.        <title >span 标签 </title >
6.        < style type = "text/css" >
7.            p{
8.                font-size:30px
9.            }
10.
```

```
11.        .span1 {
12.            color:blue;
13.            font-weight:bold
14.        }
15.
16.        .span2 {
17.            color:red;
18.            font-weight:bold
19.        }
20.      </style >
21.    </head >
22.    <body >
23.        <p >我的姐姐今年 < span class = "span1" >15 岁 </span > ,我的弟弟今年
< span class = "span2" style = "" >10 岁 </span >。
24.        </p >
25.    </body >
26. </html >
```

运行例 4-15,效果如图 4-24 所示。

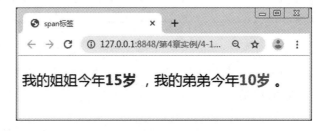

图 4-24　span 元素演示效果

了解了 div 和 span 元素后,再来看看两者是如何相互转换的。

下面来看一个具体的实例,如例 4-16 所示。

例 4-16:

```
1. <!DOCTYPE html >
2. <html >
3.   <head >
4.        <meta charset = "UTF-8" >
5.        <title >display 属性 </title >
6.        <style type = "text/css" >
7.        div,span{
8.            width:200px;
9.            height:50px;
10.            background-color:lightblue;
11.            margin:10px;
```

```
12.          }
13.          .d_one,.d_two{
14.              display:inline;
15.          }
16.          .s_one{
17.              display:inline-block;
18.          }
19.          .s_three{
20.              display:block;
21.          }
22.      </style>
23.  </head>
24.  <body>
25.      <div class="d_one">我是第一个div文本</div>
26.      <div class="d_two">我是第二个div文本</div>
27.      <div class="d_three">我是第三个div文本</div>
28.      <span class="s_one">我是第一个span文本</span>
29.      <span class="s_two">我是第二个span文本</span>
30.      <span class="s_three">我是第三个span文本</span>
31.  </body>
32. </html>
```

运行例4-16，效果如图4-25所示。

图4-25 <div>和<span>相互转换演示

在例4-16中，分别定义了3对<div></div>和<span></span>标签，为它们设置了相同的宽度、高度、背景色和外边距。同时对前两个<div>应用"display：inline；"样式，使其从块级元素转换为内联元素，对第一个和第三个 < span > 分别应用"display：inline-block；"和"display：block；"样式，使其分别转换为内联块级元素和块级元素。

从运行结果来看，前两个 < div > 排列在同一行，这是因为虽然它们是 < div > 标签，但被转换为了内联元素。而第一个和第三个 < span > 则按固定的宽度和高度显示，不同的是前者不会独占一行，而后者独占一行，这是因为它们分别被转换为了内联块级元素和块级元素。根据前面所述可知，内联块级元素既能设置宽度和高度，还能不独占一行。所以第一个 < span > 独占一行，而第三个 < span > 则转换为块级元素，也独占了一行。

【任务4-4】 "宠物相册"页面布局

1. 准备工作

前面对基本的盒子模型相关知识进行了学习，现在来制作"宠物相册"页面。首先进行的是准备工作及页面布局，然后开始制作各个模块。

1）打开 HBuilder，在菜单栏中选择"文件"＞"新建"＞"Web 项目"命令，在弹出的"创建 Web 项目"对话框中输入项目名称"pet_album"，选择好项目存放的位置，选择"默认项目"，并单击"完成"按钮。在 HBuilder 的项目管理器中会出现一个 pet_album目录，在这个目录中已经建立了 3 个文件夹和 1 个 index.html 文件。可以将项目有关的图片都放到 img 文件夹中，在 css 文件夹中新建一个 css 文件，用以编写相关 CSS 代码，采用外链方式连接到 HTML 文档中。js 文件夹暂时不用，可以删除或者不用管。

2）利用切片工具导出"宠物相册"页面中的素材图片，存储在项目 chapter04 下面的 img 文件夹中。导出后的素材如图 4-26 所示。

图 4-26 "宠物相册"素材图片

2. 页面结构分析

如图 4-27 所示，"宠物相册"页面从上到下可以分成 3 个模块：导航模块、相册模块和页脚模块。

3. 页面布局代码

首先来看看"宠物相册"页面的整体布局：打开根目录下面的 index.html 文件，使用 < div > 块标签对页面进行布局，具体代码如下：

图 4-27 "宠物相册"页面结构

```
1.  <!DOCTYPE html>
2.  <html>
3.      <head>
4.          <meta charset="UTF-8"/>
5.          <title>宠物相册</title>
6.      </head>
7.  <body>
8.      <div id="wrap">
9.          <!--导航开始-->
10.             <div class="header">
11.             </div>
12.         <!--导航结束-->
13.
14.         <!--宠物相册开始-->
15.         <div class="content">
16.         </div>
17.         <!--宠物相册结束-->
```

```
18.
19.          <!--页脚开始-->
20.          <div class = "footer">
21.          </div>
22.          <!--页脚结束-->
23.        </div>
24.      </body>
25. </html>
```

在上述代码中，最外层定义了 class 为 wrap 的 < div > 来界定整个页面的宽度，内部定义了 class 为 header、content 和 footer 的 3 对 < div > </div > 来分别构建导航模块、相册模块和页脚模块的结构，将页面整体上分为 3 部分。

4. 定义基础样式

在 css 文件夹中新建样式表文件 style04. css，使用外部链入式在 index. html 文件头部中引入样式文件 style04. css。在 style04. css 文件中定义页面的基础样式，具体代码如下：

```
1.  * {
2.      margin:0;
3.      padding:0;
4.  }
5.  body
6.  {
7.  background-color:lightgreen;
8.  font-family:"微软雅黑","宋体","楷体";
9.  padding:0;
10. font-size:12px;
11. margin:0 auto;
12. color:black;
13. }
```

在上述代码中，第 2 行和 3 行代码利用通配符 * 定义所有元素的内外边距为 0。第 7 ~ 12 行定义 body 中的样式，第 7 行定义背景色为 lightgreen，第 8 行定义字体依次为"微软雅黑""宋体""楷体"，第 9 行定义内边距为 0，第 10 行定义字体大小为 12px，第 11 行定义 body 居中，第 12 行定义字体颜色为 black。

【任务4-5】 导航模块制作

1. 效果分析

（1）结构分析

因为所有的模块都在最外层的 < div > 内部，所以开始就要为 class 为 wrap 的最外层的 < div > 设置相关样式。导航模块包括 logo 标识和菜单栏两部分。8 个菜单项由 < span > 中包括的 < a > 标签来实现。导航模块的具体结构如图 4-28 所示。

图 4-28 "宠物相册"导航模块的结构

（2）样式分析

将 class 为 wrap 的最外层盒子的宽度设置为 900px，将高度设置为 auto，居中显示。导航模块的高度为 181px，背景为 header. jpg。左边的 logo 部分用一个 < div > 盒子包括 < img/>实现，右下角的菜单项由 < span >中包括的 < a >标签来实现，通过设置内外边距大小来调节距离。

2. 模块制作代码

（1）结构分析

在 index. html 文档中编写导航模块的 HTML 代码，具体如下：

```
1.  < div id = "wrap" >
2.    < div class = "header" >
3.      < div class = "logo" >
4.        < img src = "images/logo. gif"/>
5.      </div >
6.      < div id = "menu" >
7.        < span >
8.          < a href = "index. html" >首页 </a >
9.        </span >
10.       < span >
11.         < a href = "about. html" >关于我们 </a >
12.       </span >
13.       < span class = "selected" >
14.         < a href = "category. html" >宠物相册 </a >
15.       </span >
16.       < span >
17.         < a href = "specials. html" >明星宠物 </a >
18.       </span >
19.       < span >
20.         < a href = "myaccount. html" >我的账户 </a >
21.       </span >
22.       < span >
23.         < a href = "register. html" >注册 </a >
24.       </span >
25.       < span >
```

```
26.                <a href = "details. html" >价格 </a >
27.            </span >
28.            <span >
29.                <a href = "contact. html" >联系我们 </a >
30.            </span >
31.        </div >
32.    </div >
33. </div >
```

上述代码中，定义 id 为 wrap 的 < div > 来作为最外层的盒子，定义 class 为 header 的 < div > 来搭建头部的整体结构。在其中内部包括了 class 为 logo 和 id 为 menu 的子模块。

（2）控制样式

在样式文件 style04. css 中书写 css 样式，用于实现"头部"导航模块。具体如下：

```
1.  #wrap{
2.  width:900px;
3.  height:auto;
4.  margin:0 auto;
5.  }
6.  . header{
7.  height:181px;
8.  background:url(images/header. jpg) no-repeat center;
9.  }
10. . logo{
11. padding:30px 0 0 20px;
12. }
13.
14. / * ----------------------------menu------------------- * /
15. #menu{
16. width:628px;
17. height:30px;
18. float:right;
19. padding-top:50px;
20. }
21.
22. #menu span{
23. height:27px;
24. }
25. #menu span a{
26. height:27px;
27. padding:0px 10px 0 15px;
28. margin:0 4px 0 4px;
29. text-decoration:none;
```

```
30.  text-align:center;
31.  color:#fff;
32.  font-size:13px;
33.  line-height:27px;
34.  }
35.  #menu span.selected a{
36.  color:#c4dfa6;
37.  }
38.  #menu span a:hover{
39.  color:#c4dfa6;
40.  }
```

在上述代码中，第 2 行代码定义宠物相册导航模块的宽度为 900px。第 4 行设置导航模块居中显示。第 7 行设置.header 的 div 高度为 181px。第 8 行设置背景图片居中显示，不平铺。第 11 行设置 logo 的上左内边距分别为 30px 和 20px。第 16~19 行代码设置菜单样式，第 16、17 行分别设置菜单宽度和高度，第 18 行设置菜单右浮动，第 19 行设置菜单上内边距为 50px。第 23 行设置菜单中的 span 高度为 27px。第 26~33 行设置菜单中的 < a > 标签样式，第 27 行设置右左内边距分别为 10px 和 15px，第 28 行设置右左外边距均为 4px，第 29 行取消 < a > 标签的下画线，第 30 行设置文本居中，第 31 行设置字体颜色为白色，第 32 行设置字体大小为 13px，第 33 行设置行高为 27px。第 36 行定义预选的一个菜单项字体颜色为#c4dfa6。第 39 行设置菜单项悬停时的字体颜色为#c4dfa6。

注意：在#menu 样式中定义了"float：right;"，用于设置菜单整体右浮动。因为浮动在项目 5 中会具体介绍，所以在这里大家了解即可。

保存 index. html 和 style04. css 文档后，在 Chrome 浏览器中运行 index. html 文件，效果如图 4-29 所示。

图 4-29　宠物相册头部

当鼠标指针移动到某个菜单项时，该菜单项会发生颜色的变化，效果如图 4-30 所示。

图 4-30　鼠标指针指向菜单项时的效果

【任务4-6】 相册模块制作

1. 效果分析

（1）结构分析

相册模块由 class 为 pet _ album 的盒子界定范围，其内部包含了 12 个 div 结构，class 分别为 crumb _ nav 和 pet _ album _ box。crumb _ nav 用于显示相册模块的标题，pet _ album _ box 用于显示宠物照片结构，整体结构如图 4-31 所示。

图 4-31 相册模块结构

（2）样式分析

对于本模块中的各个图片，通过外层 class 为 pet _ album _ box 的盒子定义；内部包含的文字和照片框，可以通过设置内外边距等来进行调整。

2. 模块制作代码

（1）搭建结构

在 index. html 文件内编写相册模块的 HTML 结构代码，具体如下：

```
1.  <div class = "pet _ album" >
2.      <div class = "crumb _ nav" >
3.          <a href = "index. html" >首页</a> &gt;&gt;宠物相册
4.      </div>
5.
6.      <div class = "pet _ album _ box" >
7.          <span>Lovely Cat</span>
8.          <div class = "pet _ album _ bg" >
9.              <img src = "../images/cat1.jpg" class = "thumb" border = "0"/>
```

```
10.          </div >
11.     </div >
12.
13.     < div class = "pet _ album _ box" >
14.         < span > Lovely Cat </ span >
15.         < div class = "pet _ album _ bg" >
16.             < img src = "../images/cat2. jpg" class = "thumb"/>
17.         </div >
18.     </div >
19.
20.     < div class = "pet _ album _ box" >
21.         < span > Lovely Cat </ span >
22.         < div class = "pet _ album _ bg" >
23.             < img src = "../images/cat3. jpeg" class = "thumb"/>
24.         </div >
25.     </div >
26.
27.     < div class = "pet _ album _ box" >
28.         < span > Lovely Cat </ span >
29.         < div class = "pet _ album _ bg" >
30.             < img src = "../images/cat4. jpg" class = "thumb"/>
31.         </div >
32.     </div >
33.
34.     < div class = "pet _ album _ box" >
35.         < span > Lovely Dog </ span >
36.         < div class = "pet _ album _ bg" >
37.             < img src = "../images/dog1. jpg" class = "thumb"/>
38.         </div >
39.     </div >
40.
41.     < div class = "pet _ album _ box" >
42.         < span > Lovely Dog </ span >
43.         < div class = "pet _ album _ bg" >
44.             < img src = "../images/dog2. jpg" class = "thumb"/>
45.         </div >
46.     </div >
47.
48.     < div class = "pet _ album _ box" >
49.         < span > Lovely Dog </ span >
50.         < div class = "pet _ album _ bg" >
51.             < img src = "../images/dog3. jpg" class = "thumb"/>
```

```
52.        </div>
53.    </div>
54.
55.    <div class = "pet_album_box">
56.        <span>Lovely Dog</span>
57.        <div class = "pet_album_bg">
58.            <img src = "../images/dog4.jpg" class = "thumb"/>
59.        </div>
60.    </div>
61.
62.    <div class = "pet_album_box">
63.        <span>Peppa Pig</span>
64.        <div class = "pet_album_bg">
65.            <img src = "../images/pig1.jpg" class = "thumb"/>
66.        </div>
67.    </div>
68.
69.    <div class = "pet_album_box">
70.        <span>Mouse Mickey</span>
71.        <div class = "pet_album_bg">
72.            <img src = "../images/mouse1.jpg" class = "thumb"/>
73.        </div>
74.    </div>
75.
76.    <div class = "pet_album_box">
77.        <span>Mouse Mickey</span>
78.        <div class = "pet_album_bg">
79.            <img src = "../images/mouse2.jpg" class = "thumb"/>
80.        </div>
81.    </div>
82. </div>
```

第3行代码，通过标签设置了相册模块的页面内容标题。第6~81行通过11个小模块来显示11张宠物图片。

（2）控制样式

```
1. .pet_album{
2. width:880px;
3. padding:20px 0 20px 20px;
4. background-color:#f2f8e7;
5. overflow:hidden;
6. }
7.
```

```
8.  /*--------------crumb_nav------------------*/
9.  .crumb_nav{
10. padding:5px 0 10px 0px;
11. font-size:15px;
12. }
13. .crumb_nav a{
14. text-decoration:none;
15. color:#990000;
16. }
17.
18. /*--------------new_prod_box------------------*/
19. .pet_album_box{
20. float:left;
21. text-align:center;
22. padding:10px;
23. }
24. .pet_album_box span{
25. font-style:italic;
26. color:#f8981d;
27. font-size:20px;
28. text-align:center;
29. }
30. .pet_album_bg{
31. width:140px;
32. height:140px;
33. border:2px solid brown;
34. margin:1px 2px 3px 4px;
35. }
36. img.thumb{
37. padding:10px 2px 3px 4px;
38. }
```

第 2 ~ 5 行代码定义了相册模块样式，第 2 行设置模块宽度，第 3 行设置上下左内边距均为 20px，第 4 行设置背景色为#f2f8e7，第 5 行清除浮动。第 10 行设置页面内容标题上下内边距分别为 5px 和 10px，第 11 行设置字体大小为 15px。第 14 行设置页面内容标题中的 < a > 标签取消下画线，第 15 行设置字体颜色为#990000。第 20 ~ 22 行设置宠物照片单个小 div 的样式，第 20 行设置左浮动，第 21 行设置文本居中，第 22 行设置内边距为 10px。第 25 ~ 28 行设置宠物照片中的 span，第 25 行设置字体倾斜，第 26 行设置字体颜色为#f8981d，第 27 行设置字体大小为 20px，第 28 行设置字体居中。第 31 ~ 34 行设置宠物照片的背景，第 31 行和 32 行设置宽度和高度，第 33 行设置边框，第 34 行设置外边距。第 37 行设置宠物照片的内边距。

注意：在 .pet_album 样式中定义了 "width：880px；overflow：hidden；"，这里主要是

为了清除浮动对后面块级元素的影响。因为浮动在项目 5 中会具体介绍，所以在这里大家了解即可。

保存 index. html 和 style04. css 文档后，在 Chrome 浏览器中运行 index. html 文件，效果如图 4-32 所示。

图 4-32　相册模块效果

【任务 4-7】　页脚模块制作

1. 效果分析

（1）结构分析

页脚模块总体上是水平居中排列的，且由两行文本组成，在 < div > 标签中嵌套两个 < p > 标签来定义。特殊显示文本可通过文本格式化标签与文本样式标签来处理。页脚模块的结构如图 4-33 所示。

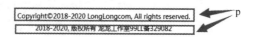

图 4-33　页脚模块结构

（2）样式分析

本模块结构较为简单，样式也不复杂，主要是设置字体大小、颜色等。从图 4-33 所示的结构来看，模块底部还有背景。

2. 模块制作代码

（1）搭建结构

在 index. html 文件内编写页脚模块的 HTML 结构代码，具体如下：

```
1. <div class = "footer">
2.    <p>Copyright&copy;2018-2020  LongLongcom, All rights reserved. </p>
3.    <p>2018-2020, 版权所有  龙龙工作室99LL备329082 </p>
4. </div>
```

本模块为一个 < div > 包含两个 < p > 标签。在两个 < p > 标签中加入页脚的具体内容。

（2）控制样式

```
1. .footer{
2.    width:900px;
3.    height:100px;
4.    background:url(../images/footer_bg.gif) white no-repeat bottom;
5.    color:black;
6.    font-size:14px;
7.    line-height:26px;
8.    text-align:center;
9.    padding-top:50px;
10. }
```

在 .footer 样式中主要定义了字体的颜色、大小和行高等。需要读者注意的是"background：url（../images/footer_bg.gif）white no-repeat bottom;"，在此插入了 footer_bg.gif 作为页脚的背景，并在第5行中用上内边距将背景图片推到最下端显示。

保存 index.html 和 style04.css 文档后，在 Chrome 浏览器中运行 index.html 文件，效果如图 4-34 所示。

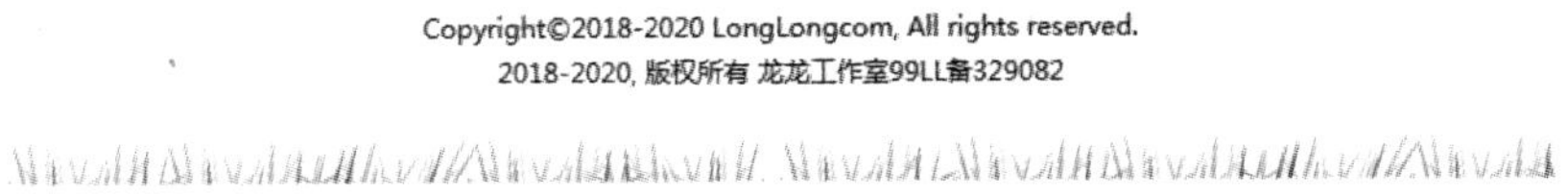

Copyright©2018-2020 LongLongcom, All rights reserved.
2018-2020, 版权所有 龙龙工作室99LL备329082

图 4-34   页脚模块效果

【项目总结】

1. 本项目主要是使读者熟练掌握基本的盒子模型的用法，主要运用内外边距、边框和背景等来设计一个宠物相册的网页。希望读者认真领会盒子模型的各种属性的用法，真正地领会盒子模型的内在含义，并能在网页编程中熟练应用。

2. 制作一个网页，建议读者采用"总-分"的方法来处理，先总体设计布局样式，然后针对不同的模块来书写代码，做到关注点分离。另外，在完成一部分模块后，及时用浏览器进行浏览，查看效果。在这个过程中体会各个 HTML 标签的作用，并能及时发现自己的问题。

3. 在编辑代码的过程中，出现问题要及时处理。可以检查是否有拼写错误，标点是否是中文的等。对查出来的问题，最好做笔记，提醒自己以后不要再出错。

【课后练习】

一、填空题

1. CSS 中提供了背景图像属性来设置背景，其中，设置背景图像位置的属性为＿＿＿＿。

2. 在 HTML 中，通过＿＿＿属性对元素的类型进行转换。

3. 要使盒子与盒子之间产生距离，合理地布局网页，就需要为盒子设置＿＿＿＿，即元素边框与相邻元素之间的距离。

4. 在 CSS 中，盒子模型的总宽度公式是＿＿＿＿＿，总高度公式是＿＿＿＿＿。

5. 元素的类型可以进行转换，display：inline-block 属性可将元素显示为＿＿＿＿元素。

6. 元素的浮动是指设置了浮动属性的元素会脱离＿＿＿＿的控制，移动到其＿＿＿＿中指定位置的过程。

二、选择题

1. 关于样式代码 ".box {width：200px；padding：15px；margin：20px；}"，下列说法正确的是（　　）。

A. .box 的总宽度为 200px
B. .box 的总宽度为 270px
C. .box 的总宽度为 235px
D. 以上说法均错误

2. 下面的选项中，表示元素距离上、下、左、右的外边距都是 10px 的是（　　）。

A. {padding：10px；}
B. {margin：10px 0；}
C. {padding：10px 0；}
D. {margin：10px；}

3. 在下列选项中，对代码 "margin：10px 0 20px；" 的解释正确的是（　　）。

A. 上间距 10px，左右间距 0，下间距 20px
B. 上间距 10px，左间距 0，右间距 20px
C. 上下间距 10px，左间距 0，右间距 20px
D. 上间距 10px，左间距 0，右下间距 20px

4. 下列样式代码中用于定义盒子上边框为 3 像素、红色、点线的是（　　）。

A. border-top：3px dotted red；
B. border：3px dotted red；
C. border-top：3px dashed red；
D. border：3px double red；

5. 当上下相邻的两个块级元素相遇时，如果上面的元素有下外边距 margin-bottom，下面的元素有上外边距 margin-top，则它们之间的垂直间距是（　　）。

A. margin-top 的值
B. margin-bottom 的值
C. margin-bottom 与 margin-top 之和
D. margin-bottom 与 margin-top 中的较大者

6. 下列样式代码中，可实现元素的溢出内容被修剪，且被修剪的内容不可见的是（　　）。

A. overflow：visible；
B. overflow：hidden；
C. overflow：auto；
D. overflow：scroll；

7. 要将某元素设置为相对定位，下列样式代码中正确的是（　　）。

A. display：relative；　　　　　　　　B. display：absolute；

C. display：fixed；　　　　　　　　　D. display：static；

8. 在 CSS 中，可以通过 float 属性为元素设置浮动，以下不属于 float 属性值的是（　　）。

A. left　　　　　　B. none　　　　　　C. right　　　　　　D. middle

9. 在 CSS 中，background-position 属性的取值有 3 种，不属于取值样式的是（　　）。

A. 使用不同单位数值　　　　　　　B. 使用预定义的关键字

C. 使用百分比　　　　　　　　　　D. 使用混合方式

10. 以下不属于块元素的是（　　）。

A. h1　　　　　　B. p　　　　　　C. div　　　　　　D. a

三、问答题

1. 阅读下面的代码，并按照注释要求填写代码。

```
<style type = "text/css">
div {
width：200px；
height：100px；
font-family："宋体"；
color：red；
_____；　　/*用两种方法控制左右间距为10px，上下间距为20px */
}
</style>
```

2. 块级元素的特点有哪些?

▶ 项目5

"潮流前线" 专题页制作

【项目背景】

张小明同学通过前面的一些项目练习，已经掌握了 HTML、CSS 的基础知识和盒子模型。"双 11"购物节快要到了，他发现某些购物网站上的商品排列非常整齐，页面制作得十分精美，特别是一些促销商品，"双 11"logo标签固定在商品图片的特定位置。他也想制作这种网页效果，却遇到了困难。王叔叔说如果要实现这些效果，需要掌握网页的列表和定位等知识，具体如下：

- 掌握列表标签的用法。
- 掌握浮动定位的知识和使用技巧。
- 掌握相对定位的知识和使用技巧。
- 掌握绝对定位的知识和使用技巧。
- 掌握固定定位的知识和使用技巧。

张小明掌握这些知识之后，就可以自己制作一个购物网站的页面了。现在张小明试着制作"潮流前线"的专题页效果图，如图 5-1 所示。

【任务5-1】 掌握列表标签

列表标签的作用是给一堆数据添加列表语义，也就是告诉搜索引擎及浏览器这一堆数据是一个整体。列表有 3 种形式：无序列表ul-li、有序列表 ol-li 和自定义列表 dl-dt-dd。3 种形式的列表标签都是拥有父子级关系的标签，列表项内部可以使用段落、换行符、图片、链接以及其他列表等。

图 5-1 "潮流前线"专题页效果图

- ul-li：无序列表是一列项目，此列项目使用粗体圆点（典型的小黑圆圈）进行标记。无序列表始于 <ul> 标签。每个列表项始于 <li>标签。
- ol-li：同样，有序列表也是一列项目，列表项目使用数字进行标记。有序列表始于 <ol> 标签。每个列表项始于 <li> 标签。
- dl-dt-dd：自定义列表不仅是一列项目，而且还是项目及其注释的组合。自定义列表以 <dl> 标签开始。每个自定义列表项以 <dt> 开始。每个自定义列表项的定义以 <dd> 开始。

1. ul-li 结构和 ol-li 结构

无序列表的格式一般为 <ul> <li> </li> </ul>，无序列表始于 <ul> 标签。每个列表项始于 <li>。在实际中，无序列表内部一般有多个 <li> 标签，其作用是为一堆数据添加列表语义，而不是用来添加小黑圆圈的，如图5-2所示。

<ul> 标签和 <li> 标签是一个整体，是一个组合，所以一般情况下 <ul> 标签和 <li> 标签都是一起出现的，不会单个出现，也就是说不会单独使用一个 <ul> 标签或者 <li> 标签，都是结合在一起使用的，如图5-3所示。

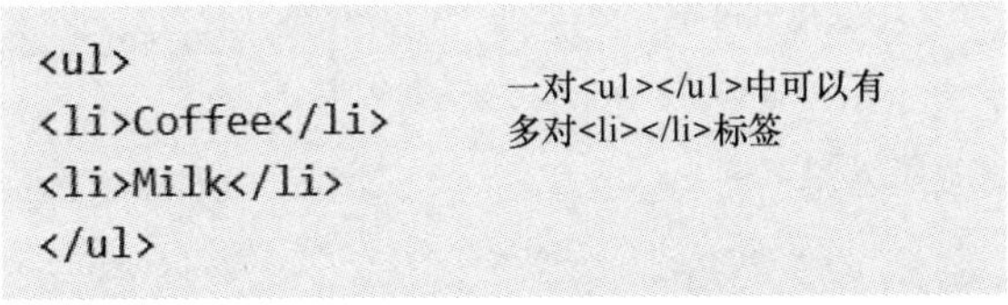

```
<ul>
<li>Coffee</li>          一对<ul></ul>中可以有
<li>Milk</li>            多对<li></li>标签
</ul>
```

图5-2 无序列表 ul-li 结构

由于 <ul> 标签和 <li> 标签是一个组合，所以 <ul> 标签中不推荐包含其他标签。

当然，如本任务开头所说的，<li> 标签内部可以使用段落、换行符、图片、链接及其他列表等，实际效果需要自行尝试。

<ul> 的列表项为 <li>，用于描述具体的列表项，每对 <ul> </ul> 中至少应包含一对 <li> </li>。与无序列表类似，每对 <ol> </ol> 中也至少应包含一对 <li> </li>，如图5-4所示。

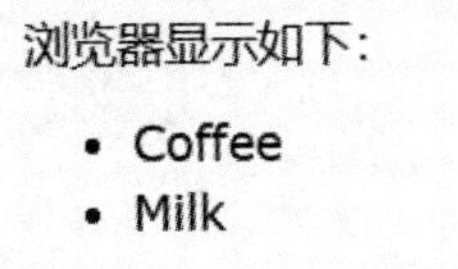

浏览器显示如下：

- Coffee
- Milk

```
<ol>
<li>Coffee</li>
<li>Milk</li>
</ol>
```

浏览器显示如下：

1. Coffee
2. Milk

图5-3 无序列表 ul-li 结构显示效果 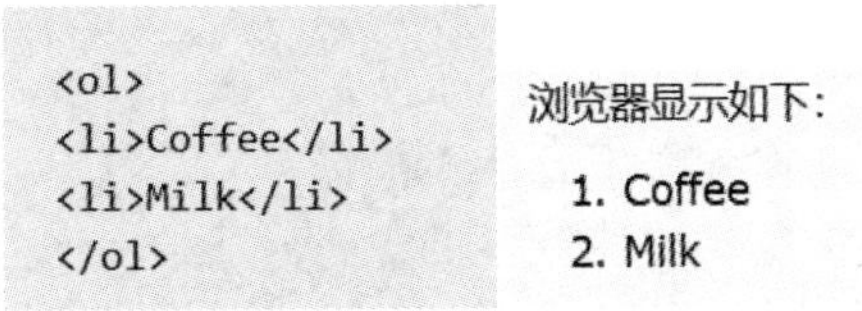 　　　图5-4 有序列表 ol-li 结构和显示效果

2. dl-dt-dd 结构

<dl> 定义列表，<dt> 定义列表的项目，<dd> 对 <dt> 展开的描述扩展。

自定义列表与有序列表、无序列表的父子搭配不同，它包含了3个标签，即 <dl> <dt> <dd>。

自定义列表的格式通常为 <dl> <dt> </dt> <dd> </dd> </dl>，显而易见，<dt> 和 <dd> 并列嵌套在 <dl> 中，如图5-5所示。

其中 <dt> 用来定义列表中所有的名词，然后通过 <dd> 标签给每个名词添加描述信息。

一对 < dt > 可以对应多对 < dd >，也就是说对一个名词可以进行多项解释，如图 5-6 所示。

下面通过一个实例来展示 3 种列表标签的应用，效果如图 5-7 所示，代码如下：

```
<dl>
<dt>Coffee</dt>
<dd>Black hot drink</dd>
<dt>Milk</dt>
<dd>White cold drink</dd>
</dl>
```

图 5-5   dl- dt- dd 结构

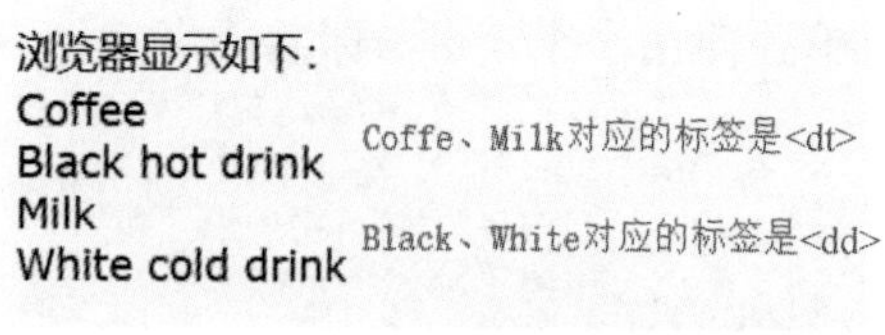

无序列表

- 首页
- 新闻
- 联系
- 关于我们

有序列表

1. 我是一号
2. 我是二号
3. 我是三号
4. 我是四号

自定义列表

我

　　这是对于我的名词解释：第一人称

浏览器显示如下：

Coffee
Black hot drink　　Coffe、Milk对应的标签是<dt>
Milk
White cold drink　　Black、White对应的标签是<dd>

图 5-6   dl- dt- dd 显示效果 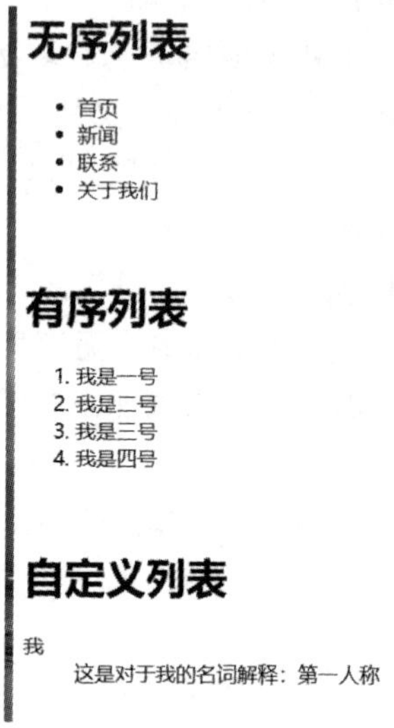　　　　　图 5-7   3 种列表标签应用的效果

```
1.  <!DOCTYPE html >
2.  <htmllang = "en" >
3.     < head >
4.        < meta charset = "UTF-8" >
5.        <title >列表标签</title >
6.     </head >
7.     <body >
8.        <h1 >无序列表</h1 >
9.        <ul >
10.          <li >首页</li >
11.          <li >新闻</li >
12.          <li >联系</li >
13.          <li >关于我们</li >
14.       </ul >
15.       <br >
16.       <h1 >有序列表</h1 >
17.       <ol >
18.          <li >我是一号</li >
19.          <li >我是二号</li >
20.          <li >我是三号</li >
21.          <li >我是四号</li >
22.       </ol >
23.       <br >
```

```
24.        <h1>自定义列表</h1>
25.        <dl>
26.            <dt>我</dt>
27.            <dd>这是对于我的名词解释:第一人称</dd>
28.        </dl>
29.    </body>
30. </html>
```

【任务5-2】 掌握浮动定位

浮动指使元素脱离文档流,按照指定方向发生移动,遇到父级边界或者相邻的浮动元素便停下来。文档流指的是文档中可显示对象在排列时所占用的位置。

基础语法:

float:left | right | none | inherit;

- left 属性为左浮动。
- right 属性与 left 相反,使当前元素向右靠齐。
- none 为默认值,元素不动,并显示在其原先所在位置。
- inherit 属性默认规定该元素应继承其父元素的 float 属性的值。

浮动定位的格式为"float:浮动方向值"。

浮动的框可以向左或向右移动,直到它的外边缘碰到包含框或另一个浮动框的边框为止,经常使用它来实现特殊的定位效果。假如包含框中有 3 个元素框,如果把框 1 向右浮动,则它脱离文档流并且向右移动,直到它的右边缘碰到包含框的右边缘,如图 5-8 所示。当框 1 向左浮动时,它脱离文档流并且向左移动,直到它的左边缘碰到包含框的左边缘。因为框 1 不再处于文档流中,所以它不占据空间,实际上覆盖住了框 2,使框 2 从视图中消失,如图 5-9 所示。如果把 3 个框都向左移动,那么框 1 向左浮动直到碰到包含框,另外两个框向左浮动直到碰到前一个浮动框:3 个框在同一行上显示,如图 5-10 所示。如果包含框太窄,那么其他浮动框会自动向下移动,直到有足够的空间,如图 5-11 所示。

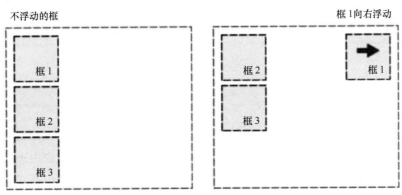

图 5-8　框 1 右浮动

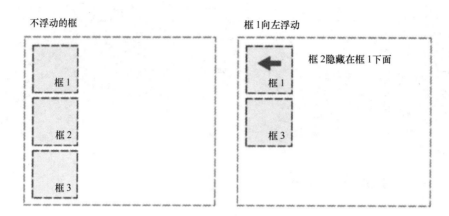

图 5-9　框 1 左浮动

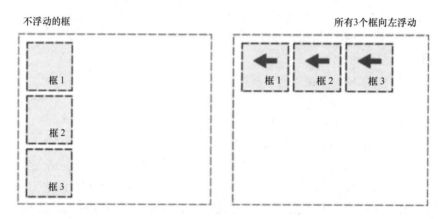

图 5-10　3 个框左浮动

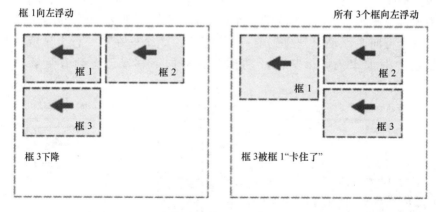

图 5-11　框 3 "卡住"

　　对于浮动元素需要注意几点：浮动元素的外边缘不会超过其父元素的内边缘；浮动元素不会互相重叠；浮动元素不会上下浮动；如果需要设置框浮动在包含框的左边或者右边，可以通过 float 属性来实现。

　　使用 clear 属性可清除浮动所带来的影响，它定义了元素的哪条边不允许出现浮动元素。

基础语法：

clear：none/left/right/both；

下面通过一些实例来介绍浮动定位的应用。首先来创建一个项目，创建 4 个 < div > 标签，分别为它们添加 ID 选择器，然后在 < style > 里编写每一个 < div > 的样式，效果如图 5-12 所示。代码如下：

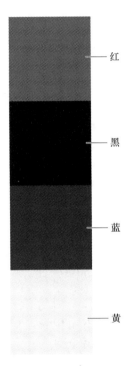

图 5-12　初始位置

小提示：定位不会因为分辨率的改变而导致位置偏移。

```
1.  <!DOCTYPE html >
2.  <htmllang = "en" >
3.    < head >
4.      <meta charset = "UTF-8" >
5.      <title >CSS 浮动定位 </title >
6.      <style type = "text/css" >
7.        #a {
8.          width:100px;
9.          height:100px;
10.          background:red;
11.        }
12.        #b {
13.          width:100px;
14.          height:100px;
15.          background:black;
```

```
16.          }
17.          #c {
18.              width:100px;
19.              height:100px;
20.              background:blue;
21.          }
22.          #d {
23.              width:100px;
24.              height:100px;
25.              background:yellow;
26.          }
27.      </style>
28.  </head>
29.  <body>
30.      <div id="a"></div>
31.      <div id="b"></div>
32.      <div id="c"></div>
33.      <div id="d"></div>
34.  </body>
35. </html>
```

　　然后使用浮动定位来查看它们的变化，当只有一个<div>浮动时，该<div>会浮动至左框边缘，脱离文档流，所以不再占用位置，如图5-13所示。修改 a 的 CSS 代码如下：

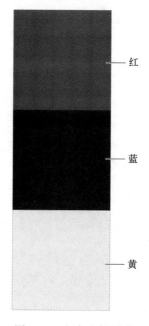

红

蓝

黄

图 5-13　红色方框浮动

```
1. #a {
2.     width:100px;
3.     height:100px;
4.     background:red;
5.     float:left;
6. }
```

由图 5-13 可以看到，红色方块不再占用位置，所以其后面的方块会往前占用一格，此时，红色方框脱离文档流从而挡住了黑色方块。下面再试试为所有 < div > 标签添加浮动的效果。

```
1.  <!DOCTYPE html >
2.  <htmllang = "en" >
3.     <head >
4.         <meta charset = "UTF-8" >
5.         <title >CSS 浮动定位 </title >
6.         <style type = "text/css" >
7.             #a {
8.                 width:100px;
9.                 height:100px;
10.                background:red;
11.                float:left;
12.             }
13.            #b {
14.                width:100px;
15.                height:100px;
16.                background:black;
17.                float:left;
18.             }
19.            #c {
20.                width:100px;
21.                height:100px;
22.                background:blue;
23.                float:left;
24.             }
25.            #d {
26.                width:100px;
27.                height:100px;
28.                background:yellow;
29.                float:left;
30.             }
31.        </style >
32.    </head >
```

```
33.    <body>
34.        <div id="a"></div>
35.        <div id="b"></div>
36.        <div id="c"></div>
37.        <div id="d"></div>
38.    </body>
39. </html>
```

结果显而易见，4 个方块会依次往左边移动并排列成横排，如果到边缘，将停止移动，如图 5-14 所示。

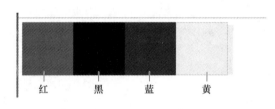

图 5-14　4 个方框浮动

【任务 5-3】　掌握相对定位

相对定位不影响元素本身的特性，不使元素脱离文档流（元素移动之后，原始位置会被保留）。如果没有定位偏移量，对元素本身没有任何影响。

- position：relative：相对定位。
- top/right/bottom/left：定位元素偏移量。

相对定位为默认的排列方式，当前元素保持在正常的文档流中，当前元素位置不会发生任何变化。相对定位还可以提升层级。

相对定位是一个非常容易掌握的概念。如果对一个元素进行相对定位，它将出现在它所在的位置上，然后可以通过设置垂直或水平位置，让这个元素"相对于"它的起点进行移动。接下来使用任务 5-2 的例子来讲解相对定位，让大家对相对定位有更加深刻的理解，效果如图 5-15 所示。代码如下：

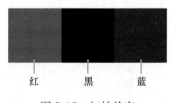

图 5-15　初始状态

```
1.  <!DOCTYPE html>
2.  <htmllang="en">
3.    <head>
4.        <meta charset="UTF-8">
5.        <title>CSS 相对定位</title>
6.        <style type="text/css">
7.            #a {
8.                width:100px;
```

```
9.              height:100px;
10.             background:red;
11.             float:left;
12.         }
13.         #b {
14.             width:100px;
15.             height:100px;
16.             background:black;
17.             float:left;
18.         }
19.         #c {
20.             width:100px;
21.             height:100px;
22.             background:blue;
23.             float:left;
24.         }
25.     </style>
26.   </head>
27.   <body>
28.     <div id="a"></div>
29.     <div id="b"></div>
30.     <div id="c"></div>
31.   </body>
32. </html>
```

当对 id 为 b 的 <div> 标签使用相对定位时，只对其添加 position：relative 是不会有变化的，效果如图 5-16 所示。

红　　黑　　蓝

图 5-16　设置#b 元素相对定位

```
1. #b {
2.    width:100px;
3.    height:100px;
4.    background:black;
5.    float:left;
6.    position:relative;
7. }
```

然后为其添加 top、left 值来查看它会有怎样的变化，效果如图 5-17 所示。

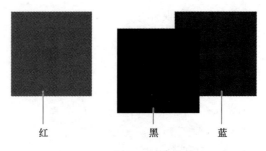

红 黑 蓝

图 5-17　设置#b 元素偏移量

```
1.  #b {
2.      width:100px;
3.      height:100px;
4.      background:black;
5.      float:left;
6.      position:relative;
7.      left:30px;
8.      top:20px;
9.  }
```

此时可以看到，无论人们是否进行移动，元素仍然占据原来的空间。发生偏移后会覆盖其他元素。

【任务5-4】　掌握绝对定位

绝对定位可使元素完全脱离文档流，使内嵌元素支持宽高，元素原来在正常文档流中所占的空间会关闭，就好像该元素不存在一样。如果有定位父级相对于定位父级发生偏移，没有定位父级相对于 document 发生偏移。相对定位一般都配合绝对定位元素使用。

- position：absolute：绝对定位。
- z-index：［number］定位层级：对于定位元素，默认后者层级高于前者；建议在兄弟标签之间比较层级。

绝对定位让当前元素脱离正常文档流，对当前元素的位置进行调整（left、top、right、bottom），不会影响邻近的元素。如果使用 margin、padding 属性也不会影响临近的元素（除非邻近的元素也绝对定位）。

一般来说，绝对定位与相对定位是配合使用的。当两种定位同时用时，父元素使用相对定位，子元素使用绝对定位，对子元素添加 left、top、right、bottom 属性会基于父元素左上角坐标（0，0）的位置移动。而当绝对定位单独使用时，它会基于整个网页左上角来偏移，初始坐标也是（0，0）。

绝对定位会使元素的位置与文档流无关，因此不会占据空间。这一点它与相对定位不同，相对定位实际上被看作普通流定位模型的一部分，因为元素的位置相对于它在普通流的位置。

普通流中其他元素布局时就像绝对定位的元素不存在一样。简单地讲，相对定位仍然处在页面文档流中，而绝对定位已经脱离文档流。接下来演示绝对定位，仍然使用本项目之前的任务所用的例子，效果如图 5-18 所示。代码如下：

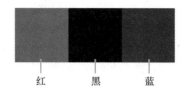

红　　黑　　蓝

图 5-18　初始状态

```
1.  <!DOCTYPE html >
2.  <htmllang = "en" >
3.      <head >
4.          <meta charset = "UTF-8" >
5.          <title >CSS 相对定位</title >
6.          <style type = "text/css" >
7.              #a {
8.                  width:100px;
9.                  height:100px;
10.                 background:red;
11.                 float:left;
12.             }
13.             #b {
14.                 width:100px;
15.                 height:100px;
16.                 background:black;
17.                 float:left;
18.             }
19.             #c {
20.                 width:100px;
21.                 height:100px;
22.                 background:blue;
23.                 float:left;
24.             }
25.         </style >
26.     </head >
27.     <body >
28.         <div id = "a" > </div >
29.         <div id = "b" > </div >
30.         <div id = "c" > </div >
31.     </body >
32. </html >
```

然后为 id 为 b 的元素添加"position：absolute；"样式，效果如图 5-19 所示，代码如下：

```
1.  #b {
2.      width:100px;
3.      height:100px;
4.      background:black;
5.      float:left;
6.      position:absolute;
7.  }
```

添加样式之后，黑色方块脱离文档流，坐标为左上角的（0，0），所以不占用原来所属位置，蓝色方块往前进一位，然后使其位置偏移，效果如图5-20所示，代码如下：

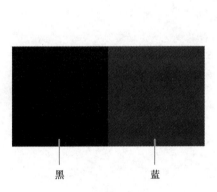

图5-19　设置#b元素绝对定位

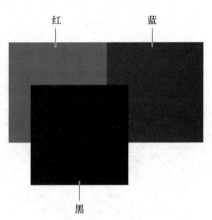

图5-20　设置#b元素偏移量

```
1.  #b {
2.      width:100px;
3.      height:100px;
4.      background:black;
5.      float:left;
6.      position:absolute;
7.      top:50px;
8.      left:30px;
9.  }
```

绝对定位与相对定位的不同之处就在图5-20中体现出来，即使使其位置偏移，也不会占用原来所属位置，如图5-20所示。

在绝对定位的实践中，除了单独使用之外，还经常配合相对定位一起使用。当一个父元素内部包含若干个子元素（如＜div＞＜h1＞＜/h1＞＜p＞＜/p＞＜/div＞）时，父元素＜div＞添加相对定位，子元素＜h1＞或＜p＞添加绝对定位，那么子元素会脱离文档流，但是会根据父元素左上角的坐标（0，0）来偏移位置。

下面来看一个简单的例子，代码如下：

```
1.  <!DOCTYPE html >
2.  < htmllang = "en" >
```

```
3.
4.      <head>
5.          <meta charset="UTF-8">
6.          <title>CSS 绝对定位</title>
7.          <style type="text/css">
8.              #box {
9.                  width:500px;
10.                 height:300px;
11.                 border:1px solid red;
12.             }
13.             #a {
14.                 width:100px;
15.                 height:100px;
16.                 background:red;
17.             }
18.         </style>
19.     </head>
20.
21.     <body>
22.         <div id="box">
23.                 <div id="a"></div>
24.         </div>
25.     </body>
26. </html>
```

运行效果如图5-21所示。

此时可以看到，id为box的<div>标签内部包含一个id为a的<div>标签，那么box就是a的父元素，a就是box的子元素，CSS样式中的"border：1px solid red；"意思为外边框一个像素距离，实线，红色，初始位置为父元素左上角。此时为父元素添加相对定位，为子元素添加绝对定位，效果如图5-22所示。

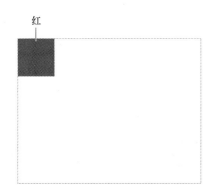

图 5-21   初始状态运行效果

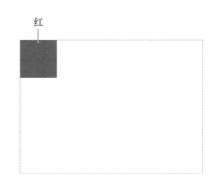

图 5-22   设置#box元素相对定位
及#a元素绝对定位的效果

```
1.  < style type = "text/css" >
2.     #box {
3.          width:500px;
4.          height:300px;
5.          border:1px solid red;
6.      position:relative;
7.      }
8.     #a {
9.          width:100px;
10.         height:100px;
11.         background:red;
12.     position:absolute;
13.     }
14. </style >
```

此时无任何变化，然后为其子元素设置偏移位置，效果如图 5-23 所示，代码如下：

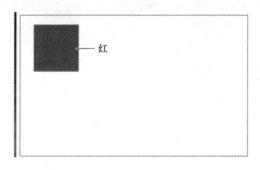

图 5-23　设置#a 元素偏移量后的效果

```
1.  < style type = "text/css" >
2.     #box {
3.          width:500px;
4.          height:300px;
5.          border:1px solid red;
6.      position:relative;
7.      }
8.     #a {
9.          width:100px;
10.         height:100px;
11.         background:red;
12.     position:absolute;
13.         top:20px;
14.         left:30px;
15.     }
16. </style >
```

此时子元素会根据父元素的位置来进行偏移，偏移至上 20 个像素、左 30 个像素的位置，而不再是根据整个页面文档流来偏移。但是此时子元素仍然会脱离文档流，不占据任何位置，如图 5-23 所示。

【任务 5-5】 掌握固定定位

固定定位可让元素保持固定位置，脱离正常文档流，不论页面中的元素如何变化，当前 fixed 元素位置始终固定。固定定位与绝对定位的特性基本一致，差别在于固定定位始终相对整个文档进行定位。

固定定位一般用于侧边栏提示、广告、顶部导航栏、二维码等，与绝对定位类型类似，但它的相对移动的坐标是视图（屏幕内的网页窗口）本身。由于视图本身是固定的，它不会随浏览器窗口的滚动条滑动而变化，除非在屏幕中移动浏览器窗口的屏幕位置，或改变浏览器窗口的显示大小，因此固定定位的元素会始终位于浏览器窗口内视图的某个位置，不会受文档流动影响。

下面通过一个实例进行介绍，效果如图 5-24 所示，代码如下：

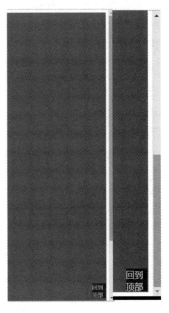

图 5-24 固定定位实例效果

```
1.  <!DOCTYPE html>
2.  <htmllang="en">
3.    <head>
4.      <meta charset="UTF-8">
5.      <title>CSS 固定定位</title>
6.      <style type="text/css">
7.        #box {
8.          width:100%;
9.          height:1000px;
10.         background:red;
11.       }
12.       .back-top {
13.         height:40px;
14.         width:40px;
15.         background-color:blue;
16.         color:#fff;
17.         position:fixed;
18.         bottom:10px;
19.         right:10px;
20.       }
21.     </style>
```

```
22.    </head>
23.    <body>
24.        <div id = "box">
25.        </div>
26.        <div class = "back-top">回到顶部</div>
27.    </body>
28. </html>
```

当使用固定定位时，class 类为 back-top 的 < div > 标签固定在了页面右下方，在距离底部 10px、右部 10px 的位置。此时，页面滚动条在顶部位置，当拖动滚动条时，< div > 标签始终固定在右下角，不会与文档流有任何冲突。

【任务5-6】 "潮流前线"页面设计

图片素材位于根目录 img 文件夹下，作为网站 logo、banner 以及内容背景图片。

页面主体使用头部、内容和脚部 3 个模块进行布局，如图 5-25 所示。头部模块主要由 logo 和导航栏组成，头部会定位在页面的最顶端。内容模块主要由明星秀场、精美服饰和专属定制模块组成。脚部模块包含两个段落 < p > 标签。

图 5-25 "潮流前线"页面分析效果图

　　页面中的各个模块居中显示,明星秀场模块和精美服饰模块的宽度固定为1200px,使每行只显示4个项目,图片内容大小固定,宽为250px,高为375px,按钮边框以及脚部颜色为brown。

1. 设计HTML基本结构及CSS样式

　　在站点根目录文件夹下建立index.html文件,定义class为qrcode的<div>来搭建固定在页面左侧的二维码,class为top的<div>用来搭建导航栏,class为banner的<div>,用来实现banner部分,class为content的<div>,用来搭建内容部分,最后定义class为footer的<div>来搭建脚部。

```
1.  <!DOCTYPE html>
2.  <html>
3.  <head>
4.      <meta charset="UTF-8"/>
5.      <title>潮流前线</title>
6.      <linkrel="stylesheet" href="./css/main.css">
7.  </head>
8.  <body>
9.      <div class="qrcode">
10.         <h3>联系客服</h3>
11.         <img src="img/qrcode.png">
12.     </div>
13.     <div class="top">
14.         <ul>
15.             <li id="logo"><img src="img/logo.png"/></li>
16.             <li><a href="#">新春系列</a></li>
17.             <li><a href="#">男子</a></li>
18.             <li><a href="#">女子</a></li>
19.             <li><a href="#">男孩</a></li>
20.             <li><a href="#">女孩</a></li>
21.             <li><a href="#">专属定制</a></li>
22.             <li><a href="#">流行潮品</a></li>
23.         </ul>
24.     </div>
25.
26.     <div class="container">
27.         <div class="banner">
28.             <img src="img/banner.jpg"/>
29.         </div>
30.         <div class="content">
31.         </div>
32.     </div>
33.     <div class="footer">
```

```
34.         <p>ⓒ 2019 KEEN, Inc. 保留所有权利</p>
35.         <p>分类浏览 - 使用条款 - 销售条款 - 隐私政策 沪 ICP 备 14009339 号 上海工商 沪
公网安备 31011002000177 号</p>
36.     </div>
37. </body>
38. </html>
```

在站点根目录下的 css 文件夹内建立样式表 main. css，链接到 index. html 中。具体全局
样式如下：

```
1. *{
2.     margin:0px;
3.     padding:0px;
4.     list-style:none;
5.     text-align:center;
6.     font-family:"arial black";
7. }
8. a{
9.     display:inline-block;
10.    height:80px;
11.    line-height:80px;
12.    padding:0 30px;
13.    text-decoration:none;
14.    color:black;
15. }
```

2. 制作导航模块

导航模块整体使用 position 定位到顶部，使用 ul-li 结构进行布局，logo 的 <li> 使用
<img> 标签，其余的每个 <li> 中都定义一个 <a> 标签，效果如图 5-26 所示。

图 5-26 "潮流前线" 导航模块

鼠标指针经过每个选项时，该选项背景变为黑色，文字变成白色，并且背景有一定的透
明度。<a> 标签应该占满整个 <li> 的空间。

index. html 中的导航模块结构代码：

```
1. <!DOCTYPE html>
2. <html>
3. <head>
4.     <meta charset = "UTF-8"/>
5.     <title>潮流前线</title>
6.     <linkrel = "stylesheet" href = ". /css/main. css">
```

```
7.  </head>
8.  <body>
9.      <div class="qrcode">
10.         <h3>联系客服</h3>
11.         <img src="img/qrcode.png">
12.     </div>
13.     <div class="top">
14.         <ul>
15.             <li id="logo"><img src="img/logo.png"/></li>
16.             <li><a href="#">新春系列</a></li>
17.             <li><a href="#">男子</a></li>
18.             <li><a href="#">女子</a></li>
19.             <li><a href="#">男孩</a></li>
20.             <li><a href="#">女孩</a></li>
21.             <li><a href="#">专属定制</a></li>
22.             <li><a href="#">流行潮品</a></li>
23.         </ul>
24.     </div>
```

main.css 中的导航模式样式：

```
1.  .topli:hover a {
2.      background:black;
3.      color:white;
4.  }
5.  .top {
6.      position:fixed;
7.      height:80px;
8.      width:100%;
9.      min-width:768px;
10.     background:white;
11.     z-index:100;
12.     opacity:0.80;
13.
14. }
15. .top li {
16.     float:left;
17.     height:100%;
18. }
19. .topul {
20.     height:100%;
21.     padding-left:130px;
22. }
```

3. 制作内容模块

在明星秀场模块和精美服饰模块中，每一项都使用<dl>列表进行布局，其中图片大小固定，图片宽为250px，高为375px。精美服饰模块的每一项设置两张图片用于切换。子标题使用<h1>标签，结构分析如图5-27、图5-28所示。

图5-27　明星秀场模块结构分析

图5-28　精美服饰模块结构分析

在明星秀场模块中，每一项内容底部使用绝对定位显示姓名，背景颜色设置为gray，透明度设置为0.7，文字颜色设置为white。

在精美服饰模块中，每一项商品<dt>中的图片都设置为绝对定位，背景颜色为#eee，边框颜色为#ddd。其中"原价"后的数字使用"text-decoration：line-through；"设置删除线，"现价"后的数字颜色设置为red。另外，将部分商品使用绝对定位设置图片角标"HOT"。最后设置当鼠标指针划过时将最顶层的图片透明度设为0，以达到多背景效果。

对于子标题，设置背景颜色为#eee，下边框为1px solid brown。

专属定制模块使用绝对定位将图片的bottom设置为负值，下移一定高度，并设置阴影使其具有立体感，效果如图5-29所示。

图5-29　专属定制模块效果

最后将"联系客服"二维码设置为 position：fixed，并固定到最右侧。

index. html 中的内容模块结构代码：

```
1.  <div class = "content">
2.  <div class = "qrcode">
3.        <h3>联系客服</h3>
4.        <img src = "img/qrcode. png">
5.  </div>
6.  <h1 class = "sub-title">明星秀场</h1>
7.  <div class = "star-show">
8.        <dl>
9.              <dt><img src = "img/s1. jpg"/></dt>
10.             <dd>凌 ** </dd>
11.       </dl>
12.       <dl>
13.             <dt><img src = "img/s2. jpg"/></dt>
14.             <dd>魏 ** </dd>
15.       </dl>
16.       <dl>
17.             <dt><img src = "img/s3. jpg"/></dt>
18.             <dd>王 * </dd>
19.       </dl>
20.       <dl>
21.             <dt><img src = "img/s4. jpg"/></dt>
22.             <dd>那 * </dd>
23.       </dl>
24.       <dl>
25.             <dt><img src = "img/s5. jpg"/></dt>
26.             <dd>蒋 * </dd>
27.       </dl>
28.       <dl>
29.             <dt><img src = "img/s6. jpg"/></dt>
30.             <dd>马 ** </dd>
31.       </dl>
32.       <dl>
33.             <dt><img src = "img/s7. jpg"/></dt>
34.             <dd>宋 ** </dd>
35.       </dl>
36.       <dl>
37.             <dt><img src = "img/s8. jpg"/></dt>
38.             <dd>高 ** </dd>
39.       </dl>
```

```
40.        </div>
41.        <h1 class = "sub-title">精美服饰</h1>
42.        <div class = "product-clothes">
43.            <dl>
44.                <dt>
45.                    <img src = "img/1-1.jpg"/>
46.                    <img src = "img/1-2.jpg"/>
47.                </dt>
48.                <dd class = "hot"><img src = "img/hot.png"/></dd>
49.                <dd>温莎领休闲衬衫</dd>
50.                <hr/>
51.                <dd>原价:<span class = "price">¥2,800</span></dd>
52.                <dd>现价:<span class = "cur-price">¥1,150</span></dd>
53.                <dd><button>立即购买</button></dd>
54.            </dl>
55.            <dl>
56.                <dt>
57.                    <img src = "img/2-1.jpg"/>
58.                    <img src = "img/2-2.jpg"/>
59.                </dt>
60.                <dd class = "hot"><img src = "img/hot.png"/></dd>
61.                <dd>艺术条纹衬衫</dd>
62.                <hr/>
63.                <dd>原价:<span class = "price">¥2,400</span></dd>
64.                <dd>现价:<span class = "cur-price">¥1,820</span></dd>
65.                <dd><button>立即购买</button></dd>
66.            </dl>
67.            <dl>
68.                <dt>
69.                    <img src = "img/3-1.jpg"/>
70.                    <img src = "img/3-2.jpg"/>
71.                </dt>
72.                <dd>英伦格纹休闲衬衫</dd>
73.                <hr/>
74.                <dd>原价:<span class = "price">¥2,590</span></dd>
75.                <dd>现价:<span class = "cur-price">¥1,600</span></dd>
76.                <dd><button>立即购买</button></dd>
77.            </dl>
78.            <dl>
79.                <dt>
80.                    <img src = "img/4-1.jpg"/>
81.                    <img src = "img/4-2.jpg"/>
```

```
82.          </dt>
83.          <dd>针织短袖 T 恤</dd>
84.          <hr/>
85.          <dd>原价:<span class="price">￥1,800</span></dd>
86.          <dd>现价:<span class="cur-price">￥1,200</span></dd>
87.          <dd><button>立即购买</button></dd>
88.      </dl>
89.      <dl>
90.          <dt>
91.              <img src="img/5-1.jpg"/>
92.              <img src="img/5-2.jpg"/>
93.          </dt>
94.          <dd class="hot"><img src="img/hot.png"/></dd>
95.          <dd>中长连衣裙</dd>
96.          <hr/>
97.          <dd>原价:<span class="price">￥3,500</span></dd>
98.          <dd>现价:<span class="cur-price">￥2,100</span></dd>
99.          <dd><button>立即购买</button></dd>
100.     </dl>
101.         <dl>
102.             <dt>
103.                 <img src="img/6-1.jpg"/>
104.                 <img src="img/6-2.jpg"/>
105.             </dt>
106.             <dd>束腰连衣裙</dd>
107.             <hr/>
108.             <dd>原价:<span class="price">￥3,800</span></dd>
109.             <dd>现价:<span class="cur-price">￥2,399</span></dd>
110.             <dd><button>立即购买</button></dd>
111.         </dl>
112.         <dl>
113.             <dt>
114.                 <img src="img/7-1.jpg"/>
115.                 <img src="img/7-2.jpg"/>
116.             </dt>
117.             <dd class="hot"><img src="img/hot.png"/></dd>
118.             <dd>简约手提包</dd>
119.             <hr/>
120.             <dd>原价:<span class="price">￥1,500</span></dd>
121.             <dd>现价:<span class="cur-price">￥980</span></dd>
122.             <dd><button>立即购买</button></dd>
123.         </dl>
```

```
124.
125.            <dl>
126.                <dt>
127.                    <img src="img/8-1.jpg"/>
128.                    <img src="img/8-2.jpg"/>
129.                </dt>
130.                <dd>大边框太阳镜</dd>
131.                <hr/>
132.                <dd>原价:<span class="price">￥1,699</span></dd>
133.                <dd>现价:<span class="cur-price">￥1,000</span></dd>
134.                <dd><button>立即购买</button></dd>
135.            </dl>
136.        </div>
137.        <h1 class="sub-title">专属定制</h1>
138.        <div class="custom">
139.            <div class="card">
140.                <img src="img/custom-card.jpg"/>
141.                <p>专属定制服务:+86-177888899**/+0714-66655**</p>
142.            </div>
143.            <div class="cumtom-content">
144.                <h1>团体定制</h1>
145.                <p>
146.                    创立于1992年的****集团是集研发、生产、品牌管理、服务于一体的大型现代化品牌企业。
147.                    27年来集团始终坚持国际化的品牌经营理念,现已发展成为一家多品牌、集团化运作的知名时尚品牌企业。
148.                </p>
149.            </div>
150.        </div>
151.    </div>
```

在 main.css 中定义内容样式:

```
1.  .contentimg {
2.      width:100%;
3.  }
4.  .content dl {
5.      position:relative;
6.      width:250px;
7.      float:left;
8.      margin:20px;
9.      border:1px solid #ddd;
10.     background:#eee;
```

```
11. }
12. .sub-title {
13.     clear:both;
14.     background:#eee;
15.     border-bottom:1px solid brown;
16. }
17. .contentdt,
18. .contentdt img {
19.     height:375px;
20. }
21. .content dlhr {
22.     border:0;
23.     border-bottom:1px solid #ddd;
24. }
25. .hot {
26.     position:absolute;
27.     height:60px;
28.     width:60px;
29.     left:0;
30.     top:0;
31. }
32.
33. .star-showdd {
34.     position:absolute;
35.     left:0;
36.     bottom:0;
37.     display:inline-block;
38.     width:100%;
39.     color:white;
40.     background:gray;
41.     opacity:0.7;
42. }
43. .star-show,
44. .product-clothes {
45.     width:1200px;
46.     margin:0 auto;
47. }
48. .price {
49.     text-decoration:line-through;
50. }
51. .cur-price {
52.     color:red;
```

```
53. }
54.
55.
56. .product-clothesdt img {
57.    position:absolute;
58.    left:0;
59.    top:0
60. }
61. .product-clothesdt img:hover {
62.    opacity:0;
63. }
64. .product-clothesdd button {
65.    width:100%;
66.    background:white;
67.    border:1px solid brown;
68.    cursor:pointer;
69. }
70.
71. .custom {
72.    clear:both;
73.    background:url('../img/custom-bg.jpg');
74.    margin-bottom:200px;
75.    position:relative;
76.    height:350px;
77. }
78. .custom .card {
79.    position:absolute;
80.    width:500px;
81.    top:100px;
82.    left:200px;
83.    border:1px solid #ddd;
84.    background:#eee;
85.    box-shadow:2px 6px 3px -1px #e2e2e2;
86.
87. }
88. .custom .cumtom-content {
89.    width:500px;
90.    float:right;
91.    color:white;
92.    margin-top:50px;
93.    margin-right:50px;
94. }
```

4. 制作脚部模块

脚部包含两个段落 <p> 标签，文字水平垂直居中，背景颜色为 brown，效果如图 5-30 所示。

图 5-30　脚部模块效果

index. html 中的页脚模块结构代码：

```
1.  <div class="footer">
2.      <p>© 2019 KEEN, Inc. 保留所有权利</p>
3.      <p>分类浏览 -使用条款 -销售条款 -隐私政策 沪 ICP 备 14009339 号 上海工商 沪公网
安备 31011002000177 号</p>
4.  </div>
```

在 main. css 中定义页脚样式：

```
1.  .footer {
2.      clear:both;
3.      background:brown;
4.      color:white;
5.      height:120px;
6.      line-height:60px;
7.  }
```

【项目总结】

列表标签的作用是给一堆数据添加列表语义，列表有 3 种形式：无序列表 ul-li、有序列表 ol-li 和自定义列表 dl-dt-dd。定位包括浮动定位、相对定位、绝对定位和固定定位。浮动定位可使元素脱离文档流，按照指定方向发生移动，遇到父级边界或者相邻的浮动元素便停下来；相对定位不影响元素本身的特性，不使元素脱离文档流；绝对定位可使元素完全脱离文档流；固定定位可让元素保持固定位置。

【课后练习】

一、填空题

1. 列表有 3 种形式：＿＿＿＿、＿＿＿＿和＿＿＿＿。

2. 浮动定位的属性值有＿＿＿＿、＿＿＿＿、＿＿＿＿和＿＿＿＿。

二、问答题

1. 简述相对定位与绝对定位的区别。

2. 定位有哪几种？

3. 固定定位经常用在哪些地方？

▶项目 6

"商贸网信息注册" 专题页制作

【项目背景】

张小明同学在学习完浮动等定位后，发现之前做的网页都是图文形式的。有时候在网页上还需要进行表格数据的展示和相关信息的输入，这就需要学习表格和表单的知识。张小明同学在网上查阅并学习了相关资料后，信心满满地给王叔叔打电话，讲述了自己学习表格和表单相关内容的心得。王叔叔听后很高兴。

王叔叔说表格和表单这部分内容难度不大，只需要掌握以下知识点就可以完成相关网页设计：

- 了解表格的组成。
- 掌握 < table > 标签、< tr > 标签、< td > 标签、< th > 标签的属性。
- 了解表单标签的语法和应用。
- 掌握常用的表单控件：input 控件、textarea 控件、select 控件和 fieldset- legend 控件。

本项目制作一个"商贸网信息注册"专题页，其中就有表格及表单控件的应用，效果如图 6-1 所示。

图 6-1 "商贸网信息注册"专题页

【任务6-1】 表格标签

1. 表格结构

表格是平时处理文档时的常用对象，可通过行、列的方式将内容直观地表现出来，结构紧凑而且信息量大。可以通过表格中的单元格放进任何的网页元素，如文字、图像、动画等，从而使得网页中的各个组成部分排列有序，因此，在DIV + CSS布局出现之前，表格曾经作为网页页面布局的一种重要方式。现在表格的作用更多的是回归到它的原始意义，即用于展示数据内容。

表格属于结构性对象，一个表格包含行、列和单元格3个部分。在网页中描述表格时需要多个标签，常用的有 < table >、< tr >、< td >、< th >。其中，< table > </table >用于声明一个表格对象，< tr > </tr >用于声明一行，< td > </td >用于声明一个单元格。在表格的第一行也可以用 < th >来替代 < td >，作为整个表格的表头。

基本语法结构：

```
<table>
    <tr>
        <td>单元格内容</td>
        …
    </tr>
    <tr>
        <td>单元格内容</td>
        …
    </tr>
    …
</table>
```

表格中的所有 < tr > </tr >标签对都要放到 < table > </table >标签对中，一个 < table > </table >标签对可以包含一个或者多个 < tr > </tr >标签对，而 < td > </td >标签对需要放到 < tr > </tr >标签对之间，一个 < tr > </tr >标签对可以包含一个或者多个 < td > </td >标签对，所有在网页页面显示的内容都要放到 < td > </td >标签对之间。

下面通过一个实例来演示表格标签，如例6-1所示。

例6-1：

```
1. <!DOCTYPE html>
2. <html>
3.   <head>
4.     <meta charset = "UTF-8">
5.     <title>学生信息表</title>
6.   </head>
7.   <body>
8.     <table border = "1">
```

```
9.          <tr>
10.             <td>姓名</td>
11.             <td>学院</td>
12.             <td>专业</td>
13.             <td>班级</td>
14.          </tr>
15.          <tr>
16.             <td>张三</td>
17.             <td>计算机学院</td>
18.             <td>计科</td>
19.             <td>1班</td>
20.          </tr>
21.          <tr>
22.             <td>李四</td>
23.             <td>机械学院</td>
24.             <td>机电</td>
25.             <td>2班</td>
26.          </tr>
27.          <tr>
28.             <td>王五</td>
29.             <td>电气学院</td>
30.             <td>电气工程</td>
31.             <td>3班</td>
32.          </tr>
33.          <tr>
34.             <td>赵六</td>
35.             <td>经管学院</td>
36.             <td>会计</td>
37.             <td>4班</td>
38.          </tr>
39.       </table>
40.    </body>
41. </html>
```

运行例6-1，效果如图6-2所示。

在代码中，<table border = "1">中的"border = "1""的意思是为表格设置边框，宽度为1px。在后面的内容中会详细讲解表格各个标签的相关属性。可以将例6-1代码中的第10~13行中的<td>修改为<th>，从而实现表头的样式。

```
<table border = "1">
    <tr>
        <th>姓名</th>
        <th>学院</th>
```

```
        <th>专业</th>
        <th>班级</th>
    </tr>
...
</table>
```

其余部分不做任何修改，效果显示如图 6-3 所示。

图 6-2　例 6-1 运行效果　　　　图 6-3　带表头结构的表格

图 6-3 与图 6-1 的区别在于，第一行有了加粗的效果，这是由于使用 <th> 标签替换了 <td> 标签，起到了每列标题醒目的作用。

2. <table> 标签属性

<table> 标签用于定义 HTML 表格，应用该标签相关属性可以设置表格的样式。表格常用的属性有表格背景颜色、单元格与其内容之间的距离、高度和宽度等，具体如表 6-1 所示。

表 6-1　<table> 标签属性表

属性	值	描述
align	left、center、right	规定表格相对周围元素的对齐方式
bgcolor	rgb（x, x, x）、#xxxxxx、colorname	规定表格的背景颜色
border	像素值	规定表格单元是否具有边框并设置边框的宽度
cellpadding	像素值或百分比	规定单元边缘与其内容之间的空白
cellspacing	像素值或百分比	规定单元格之间的空白
width	像素值或百分比	规定表格的宽度
height	像素值或百分比	规定表格的高度

下面通过一个实例来演示表格属性的应用，如例 6-2 所示。

例 6-2：

```
1.  <!DOCTYPE html>
2.  <html>
3.    <head>
4.      <meta charset="UTF-8">
```

```
5.          <title>学生信息表</title>
6.          <style type="text/css">
7.              .center{
8.                  text-align:center;
9.              }
10.         </style>
11.     </head>
12.     <body>
13.         <h1 class="center">学生信息表</h1>
14.         <table border="2" cellpadding="5" cellspacing="10" bgcolor=
"lightgrey" align="center" width="400" height="200">
15.             <tr>
16.                 <td>姓名</td>
17.                 <td>学院</td>
18.                 <td>专业</td>
19.                 <td>班级</td>
20.             </tr>
21.             <tr>
22.                 <td>张三</td>
23.                 <td>计算机学院</td>
24.                 <td>计科</td>
25.                 <td>1班</td>
26.             </tr>
27.             <tr>
28.                 <td>李四</td>
29.                 <td>机械学院</td>
30.                 <td>机电</td>
31.                 <td>2班</td>
32.             </tr>
33.             <tr>
34.                 <td>王五</td>
35.                 <td>电气学院</td>
36.                 <td>电气工程</td>
37.                 <td>3班</td>
38.             </tr>
39.             <tr>
40.                 <td>赵六</td>
41.                 <td>经管学院</td>
42.                 <td>会计</td>
43.                 <td>4班</td>
44.             </tr>
45.         </table>
```

```
46.
47.    </body>
48. </html>
```

运行例 6-2，效果如图 6-4 所示。

图 6-4 具有表格属性的表格

在例 6-2 中，在 <table> 标签中设置了相关属性：边框宽度为 2px，单元格内容与边缘距离为 5px，单元格之间的距离为 10px，背景色为 lightgrey，表格对齐方式为居中，宽度为 400px，高度为 200px。以上属性的设置都是在 <table> 标签中完成的，这样就造成了样式与结构的混合，为后面的修改属性带来了困难。

在学习了 CSS 内容之后，可以将 <table> 的相关样式写入到 CSS 中，从而避免将属性写入标签中。将例 6-2 修改为如下的例 6-3。

例 6-3：

```
1.  <!DOCTYPE html>
2.  <html>
3.    <head>
4.      <meta charset="UTF-8">
5.      <title>学生信息表</title>
6.      <style type="text/css">
7.        .center{
8.            text-align:center;
9.        }
10.       table{
11.           border:1px solid black;
12.           padding:5px;
13.           background-color:lightgrey;
14.           margin:0 auto;
```

```
15.                width:400px;
16.                height:200px;
17.            }
18.        </style>
19.    </head>
20.    <body>
21.        <h1 class = "center">学生信息表</h1>
22.        <table>
23.            <tr>
24.                <td>姓名</td>
25.                <td>学院</td>
26.                <td>专业</td>
27.                <td>班级</td>
28.            </tr>
29.            <tr>
30.                <td>张三</td>
31.                <td>计算机学院</td>
32.                <td>计科</td>
33.                <td>1 班</td>
34.            </tr>
35.            <tr>
36.                <td>李四</td>
37.                <td>机械学院</td>
38.                <td>机电</td>
39.                <td>2 班</td>
40.            </tr>
41.            <tr>
42.                <td>王五</td>
43.                <td>电气学院</td>
44.                <td>电气工程</td>
45.                <td>3 班</td>
46.            </tr>
47.            <tr>
48.                <td>赵六</td>
49.                <td>经管学院</td>
50.                <td>会计</td>
51.                <td>4 班</td>
52.            </tr>
53.        </table>
54.
55.    </body>
56. </html>
```

运行例 6-3，效果如图 6-5 所示。

对比图 6-5 和图 6-4，会发现图 6-5 所示的表格添加了边框和相关样式，但是单元格却没有添加边框。这是因为只给 <table> 标签设置了样式，没有单独给单元格设置边框样式。可在样式中添加 td ｛border：1px solid black；｝，再次运行例 6-3，效果如图 6-6 所示。

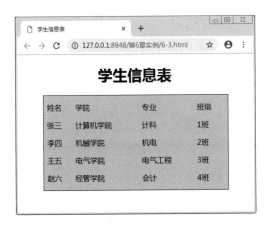

图 6-5　嵌入式 CSS 学生信息表

图 6-6　嵌入式 CSS 学生信息表

这里要强调一点的是，例 6-2 中的 <table> 标签中的属性 cellspacing 不能简单地用 margin 来替代，可以采用其他的替代方法，但是有可能会造成网站性能的下降。

3. <tr> 标签属性

<tr> 标签用于定义 HTML 表格中的行，一个 <tr> </tr> 标签对表示表格的一行。<tr> 常用的属性有表格背景颜色、水平对齐、垂直对齐等，具体如表 6-2 所示。

表 6-2　　<tr> 标签属性表

属性	值	描述
align	left、center、right	规定各单元格内容相对于单元格的水平对齐方式
bgcolor	rgb（x，x，x）、#xxxxxx、colorname	规定表格的背景颜色
valign	top、middle、bottom	规定各单元格内容相对于单元格的垂直对齐方式

下面通过一个实例来演示 <tr> 标签属性的应用，如例 6-4 所示。

例 6-4：

```
1.  <!DOCTYPE html >
2.  <html >
3.    <head >
4.      <meta charset = "UTF-8">
5.      <title>学生信息表</title >
6.      <style type = "text/css">
7.        .center{
8.            text-align:center;
9.        }
10.       table{
```

```
11.            border:1px solid black;
12.            padding:5px;
13.            background-color:lightgrey;
14.            margin:0 auto;
15.            width:400px;
16.            height:200px;
17.
18.        }
19.        td{
20.            border:1px solid black;
21.        }
22.    </style>
23. </head>
24. <body>
25.    <h1 class="center">学生信息表</h1>
26.    <table>
27.        <tr bgcolor="red" align="right" valign="bottom">
28.            <td>姓名</td>
29.            <td>学院</td>
30.            <td>专业</td>
31.            <td>班级</td>
32.        </tr>
33.        <tr bgcolor="red" align="right" valign="bottom">
34.            <td>张三</td>
35.            <td>计算机学院</td>
36.            <td>计科</td>
37.            <td>1班</td>
38.        </tr>
39.        <tr bgcolor="red" align="right" valign="bottom">
40.            <td>李四</td>
41.            <td>机械学院</td>
42.            <td>机电</td>
43.            <td>2班</td>
44.        </tr>
45.        <tr bgcolor="red" align="right" valign="bottom">
46.            <td>王五</td>
47.            <td>电气学院</td>
48.            <td>电气工程</td>
49.            <td>3班</td>
50.        </tr>
51.        <tr bgcolor="red" align="right" valign="bottom">
52.            <td>赵六</td>
```

```
53.          <td>经管学院</td>
54.          <td>会计</td>
55.          <td>4班</td>
56.        </tr>
57.      </table>
58.    </body>
59.  </html>
```

运行例 6-4，效果如图 6-7 所示。

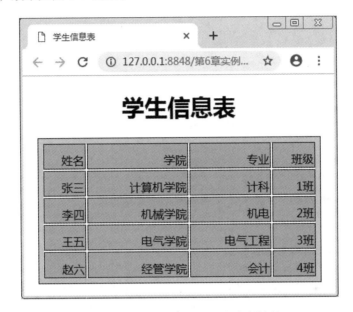

图 6-7　<tr>标签属性应用的实例效果

在例 6-4 中，在<tr>标签中设置了相关属性：行的背景颜色为红色，文本右对齐和垂直底部对齐。以上属性的设置都是在<tr>标签中完成的，同前面一样可以将<tr>的相关样式写入 CSS 中，从而避免将属性写入标签中。将例 6-4 修改为例 6-5。

例 6-5：

```
1.  <!DOCTYPE html>
2.  <html>
3.    <head>
4.      <meta charset="UTF-8">
5.      <title>学生信息表</title>
6.      <style type="text/css">
7.        .center{
8.          text-align:center;
9.        }
10.       table{
11.         border:1px solid black;
```

```
12.          padding:5px;
13.          background-color:lightgrey;
14.          margin:0 auto;
15.          width:400px;
16.          height:200px;
17.
18.      }
19.      td{
20.          border:1px solid black;
21.      }
22.      tr{
23.          background-color:red;
24.          text-align:right;
25.          vertical-align:bottom;
26.      }
27.      </style>
28. </head>
29. <body>
30.      <h1 class="center">学生信息表</h1>
31.      <table>
32.          <tr>
33.              <td>姓名</td>
34.              <td>学院</td>
35.              <td>专业</td>
36.              <td>班级</td>
37.          </tr>
38.          <tr>
39.              <td>张三</td>
40.              <td>计算机学院</td>
41.              <td>计科</td>
42.              <td>1班</td>
43.          </tr>
44.          <tr>
45.              <td>李四</td>
46.              <td>机械学院</td>
47.              <td>机电</td>
48.              <td>2班</td>
49.          </tr>
50.          <tr>
51.              <td>王五</td>
52.              <td>电气学院</td>
53.              <td>电气工程</td>
```

```
54.                <td>3班</td>
55.            </tr>
56.            <tr>
57.                <td>赵六</td>
58.                <td>经管学院</td>
59.                <td>会计</td>
60.                <td>4班</td>
61.            </tr>
62.        </table>
63.    </body>
64. </html>
```

运行例 6-5，效果如图 6-8 所示。

图 6-8　嵌入式 CSS < tr > 属性设置实例效果

对比图 6-7 和图 6-8，可以看到二者的运行效果一致。

4. < td > 和 < th > 标签属性

单元格是表格的基本元素，可以通过 < td > 和 < th > 标签来创建单元格。< td > 标签用来包含表格中的数据部分，< th > 标签用来包含表格的标题部分。

< td > 和 < th > 标签的常用属性有水平对齐、垂直对齐、水平横跨的列数、垂直竖跨的行数、宽度、高度和背景颜色等，具体如表 6-3 所示。

表 6-3　< td > 和 < th > 标签属性表

属性	值	描述
align	left、right、center、justify	规定单元格内容的水平对齐方式
bgcolor	rgb（x，x，x）、#xxxxxx、colorname	规定单元格的背景颜色

（续）

属性	值	描述
colspan	数值	规定单元格可横跨的列数
height	像素值或百分比	规定单元格的高度
rowspan	数值	规定单元格可横跨的行数
valign	top、middle、bottom	规定单元格内容的垂直对齐方式
width	像素值或百分比	规定单元格的宽度

下面通过一个实例来演示 <td> 标签属性的应用，如例6-6所示。

例6-6：

```
1.  <!DOCTYPE html>
2.  <html>
3.    <head>
4.      <meta charset="UTF-8">
5.      <title>学生信息表</title>
6.      <style type="text/css">
7.        .center{
8.            text-align:center;
9.        }
10.       table{
11.           border:1px solid black;
12.           padding:5px;
13.           background-color:lightgrey;
14.           margin:0 auto;
15.           width:400px;
16.           height:200px;
17.
18.       }
19.       td{
20.           border:1px solid black;
21.       }
22.       tr{
23.           background-color:red;
24.           text-align:right;
25.           vertical-align:bottom;
26.       }
27.      </style>
28.    </head>
29.    <body>
30.      <h1 class="center">学生成绩表</h1>
31.      <table>
```

```
32.           <tr>
33.               <td rowspan = "2">姓名</td>
34.               <td colspan = "2" align = "center" valign = "middle" bgcolor =
"bisque" width = "180" height = "40">大一上学期科目</td>
35.               <td colspan = "2">大一下学期科目</td>
36.           </tr>
37.           <tr>
38.               <td>C语言</td>
39.               <td>HTML 和 CSS</td>
40.               <td>C语言</td>
41.               <td>JavaScript</td>
42.           </tr>
43.           <tr>
44.               <td>张三</td>
45.               <td>90</td>
46.               <td>95</td>
47.               <td>92</td>
48.               <td>90</td>
49.           </tr>
50.           <tr>
51.               <td>李四</td>
52.               <td>88</td>
53.               <td>87</td>
54.               <td>78</td>
55.               <td>79</td>
56.           </tr>
57.           <tr>
58.               <td>王五</td>
59.               <td>81</td>
60.               <td>88</td>
61.               <td>82</td>
62.               <td>83</td>
63.           </tr>
64.       </table>
65.   </body>
66. </html>
```

运行例6-6，效果如图6-9所示。

其中"姓名"这列占两行，因此在 < td > 标签中定义 rowspan 属性值，即 < td rowspan =
"2" >姓名</td >。"大一上学期科目"和"大一下学期科目"独占两列，因此在 < td > 标签
中定义 colsapn 属性值，即 < td colspan = "2" > 大一下学期科目 </td >。为了单独体现
< td > 标签中属性的应用，本例对 < table > 和 < tr > 标签应用了 CSS 样式，单独对"大一上

图 6-9　< td > 标签属性应用的实例效果

学期科目"这个单元格在 < td > 标签中应用了 < td > 的相关属性设置。可以看到"大一上学期科目"这个单元格的样式明显和其他的单元格样式不一样。

　　同前面一样，可以将 < td > 的相关样式写入 CSS 中，从而避免将属性写入标签中。将例 6-6 修改为例 6-7。

　　例 6-7：

```
1.  <!DOCTYPE html >
2.  <html >
3.    <head >
4.      <meta charset = "UTF-8" >
5.      <title >学生信息表</title >
6.      <style type = "text/css" >
7.        .center{
8.            text-align:center;
9.        }
10.       table{
11.           border:1px solid black;
12.           padding:5px;
13.           background-color:lightgrey;
14.           margin:0 auto;
15.           width:400px;
16.           height:200px;
17.
18.       }
19.       td{
```

```
20.            border:1px solid black;
21.            text-align:center;
22.            vertical-align:middle;
23.            background-color:bisque;
24.
25.        }
26.    tr{
27.            background-color:red;
28.            text-align:right;
29.            vertical-align:bottom;
30.            width:180px;
31.            height:40px;
32.        }
33.    </style>
34. </head>
35. <body>
36.    <h1 class = "center">学生成绩表</h1>
37.    <table>
38.        <tr>
39.            <td rowspan = "2">姓名</td>
40.            <td colspan = "2">大一上学期科目</td>
41.            <td colspan = "2">大一下学期科目</td>
42.        </tr>
43.        <tr>
44.            <td>C语言</td>
45.            <td>HTML 和 CSS</td>
46.            <td>C语言</td>
47.            <td>JavaScript</td>
48.        </tr>
49.        <tr>
50.            <td>张三</td>
51.            <td>90</td>
52.            <td>95</td>
53.            <td>92</td>
54.            <td>90</td>
55.        </tr>
56.        <tr>
57.            <td>李四</td>
58.            <td>88</td>
59.            <td>87</td>
60.            <td>78</td>
61.            <td>79</td>
```

```
62.          </tr >
63.          <tr >
64.             <td >王五 </td >
65.             <td >81 </td >
66.             <td >88 </td >
67.             <td >82 </td >
68.             <td >83 </td >
69.          </tr >
70.      </table >
71.   </body >
72. </html >
```

运行例6-7，效果如图6-10所示。

对比图6-9和图6-10，可以看到二者的运行效果不一样。这是因为将相关样式写入 <td >标签的 CSS 中了，也就是使用了标签选择器，所以表格中的所有 <td >标签都起作用。要强调的是，colspan 和 rowspan 这两个 <td >属性不能写到 CSS 中去，只能写在 <td >标签中。可以将第一个 <tr > </tr >标签对中的 <td > </td >修改为 <th > </th >，使得第一行以标题的形式出现，效果如图6-11所示。

代码的修改和表格显示的理解作为读者练习。

图6-10 嵌入式 CSS 学生成绩表应用的实例效果　　图6-11 带 <th >的嵌入式 CSS 学生成绩表

【任务6-2】 表单标签

表单在 Web 应用中是一个极其重要的对象，用户需要使用表单来输入数据，并向服务器提交数据。用户在表单中输入的数据将作为参数发给服务器，从而实现用户与 Web 应用程序之间信息的交换。现在大量使用的在线交易、论坛等之所以能够实现，正是因为有了表单标签，使得用户可以在线向服务器提交数据。

表单的信息处理过程：单击表单中的"提交"按钮时，在表单中输入的信息就会被提交到服务器中，服务器的有关应用程序将会处理提交信息，或者是将用户提交的信息储存在服务器的数据库中，或者是将有关信息返回到客户端的浏览器上。

完整地实现表单功能，需要两个方面合作：一是用于描述表单对象的 HTML 源代码；二是客户端的脚本或者服务器端用于处理用户提交信息的程序。本书只介绍描述表单对象的 HTML 代码。

表单是网页页面上的一个特定区域，这个区域由 <form> 标签定义。<form> 标签具有两方面的作用：一是限定表单的范围，也就是定义一个区域，表单各元素都要在这个区域范围内；二是定义表单本身的相关信息，如表单的名称、表单的提交方式、表单的处理程序。

<form> 的基本语法如下：

```
<form name="表单名称" method="提交方式"  action="处理程序">
    …
</form>
```

<form> 标签的常用属性有表单名称、提交方式、处理程序等，具体如表 6-4 所示。

表 6-4   <form> 标签属性表

属性	值	描述
name	text	规定表单的名称
method	get、post	规定用于发送表单数据的 HTTP 方法
action	URL	规定当提交表单时向何处发送表单数据
target	_blank、_self、_parent、_top	规定在何处打开 action URL

在表 6-4 所示的属性中，method 用来定义表单数据的提交方式，既可以是 get，也可以是 post。这两种方式的区别在于：get 方式将表单内容附加到 URL 地址后面，因此对提交信息的长度有限制。同时 get 方式不具备保密性，表单内容在 URL 地址中以明文的形式显示。post 方式可将用户在表单中填写的数据包含在表单的主体中，一起传送给服务器上的处理程序，没有提交信息长度的限制，保密性也较好。默认情况下，表单使用 get 方式传送数据。

下面通过一个实例来演示 <form> 标签的应用，如例 6-8 所示。

例 6-8：

```
1.  <!DOCTYPE html>
2.  <html>
3.  <head>
4.  <meta charset="UTF-8">
5.  <title>登录表单</title>
6.  </head>
7.  <body>
8.  <form name="form1" action="" method="get">
9.  姓名：<input type="text" name="username"><br>
10. 密码：<input type="password" name="password"><br>
11. <input type="submit" value="提交">
```

```
12. </form>
13. <p>单击"提交"按钮,表单数据将会提交。</p>
14. </body>
15. </html>
```

运行例 6-8,效果如图 6-12 所示。

在例 6-8 中,当用户在文本框中输入用户姓名和密码,并单击"提交"按钮后,会将信息提交。由于提交过程涉及脚本程序,因此这里可以将 <form> 标签中的 action 属性设置为""。此时可以在地址栏中看到用户提交的信息,如图 6-13 所示。

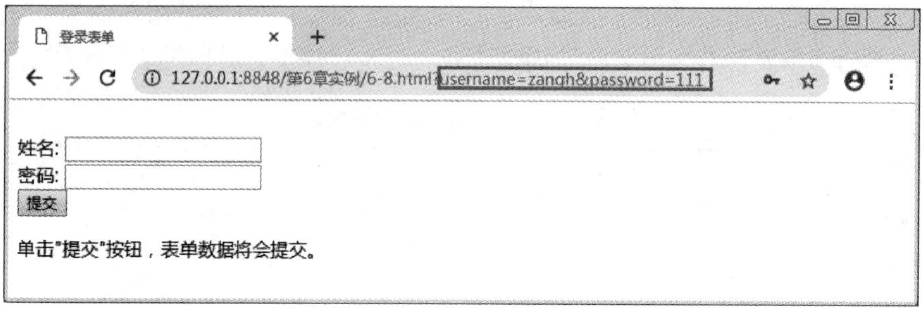

图 6-12　登录表单

图 6-13　URL 中显示用户提交的内容

【任务6-3】　表单控件

在例 6-8 中,在 <form> 形成的表单域范围内设置了 3 个 <input> 标签,在页面上显示为两个文本输入框和一个"提交"按钮。这里使用的 <input> 标签就是表单控件。也就是说,在 <form> 标签形成的表单域范围内还要加入相应的表单控件,才能生成网页上的用户信息输入部分。

表单控件主要有 <input>、<textarea>、<select>、<fieldset> - <legend>。

1.　<input> 控件

在网页上除了 <textarea> 和 <select> 外,大部分表单域中使用的都是 <input> 控件。<input> 用于设置表单输入元素,如文本框、密码框、单选按钮、复选框、按钮等元素。

基本语法如下:

```
<input type="元素类型"　name="表单元素名称"/>
```

其中,type 属性用于设置元素类型,这是 <input> 标签最重要的一个属性,总共有 23 个取值。常用的有 10 个属性值。<input> 控件的常用属性如表 6-5 所示。

下面通过一个例子来说明 <input> 属性的用法,特别是其中 type 属性的各个取值,如例 6-9 所示。

表 6-5　< input > 控件属性

属性	值	描述
checked	checked	checked 属性规定在页面加载时应该被预先选定的 < input > 元素（只针对 type = "checkbox" 或者 type = "radio"）
disabled	disabled	disabled 属性规定应该禁用的 < input > 元素
readonly	readonly	readonly 属性规定输入字段是只读的
size	number	size 属性规定以字符数计的 < input > 元素的可见宽度
src	URL	src 属性规定显示为"提交"按钮图像的 URL（只针对 type = "image"）
type	button	type 属性规定要显示的 < input > 元素的类型
	checkbox	
	file	
	hidden	
	image	
	password	
	radio	
	reset	
	submit	
	text	
value	text	指定 < input > 元素 value 的值

例 6-9：

```
1.  < !DOCTYPE html >
2.  < html >
3.    < head >
4.      < meta charset = "UTF-8" >
5.      < title >表单控件- input </title >
6.    </head >
7.  < body >
8.      **********文本框与密码框***********  ** < br/>
9.    名字：< input type = "text" value = "请输入名字" name = "username"/> < br/>
10.   密码：< input type = "password" name = "pwd"/> < br/> < br/>
11.
12.      ***********复选框(喜欢的水果)************ < br/>
13.    < input type = "checkbox" name = "v1" checked = "checked">西瓜 < br/>
14.    < input type = "checkbox" name = "v1" >苹果 < br/> < br/>
15.
16.      ***********单选框(选择性别) ************ < br/>
17.    < !--name 要保持一致-- >
18.    < input type = "radio" name = "sex" checked = "checked">男 < br/>
19.    < input type = "radio" name = "sex" >女 < br/> < br/>
```

```
20.
21.          ************ 4 种按钮 *********** <br/>
22.          < input type = "button" name = "btn1" value = "普通按钮" > <br/>
23.          < input type = "submit" name = "sbt1" value = "提交按钮" > <br/>
24.          < input type = "reset" name = "rst1" value = "重置按钮" > <br/>
25.          < input type = "image" name = "img1" src = "图标.png" value = "图像按钮"/>
        <br > <br/>
26.
27.          ******* 隐藏(它的用途主要是既可以提交数据,又不影响界面布局) **** <br/>
28.          < input type = "hidden" value = "123" name = "sal"/> < br > <br/>
29.
30.          ********** 文件控件 (选择你要上传的文件) ******** <br/>
31.          < input type = "file" name = "myfile"/>请选择文件 < br > <br/>
32.     </body >
33. </html >
```

运行例6-9，效果如图6-14所示。

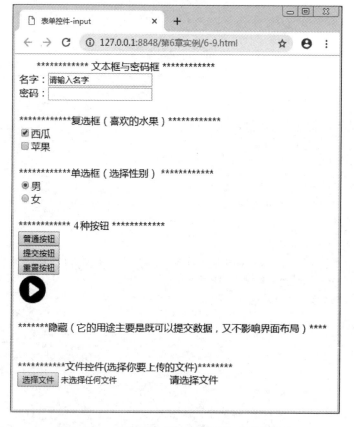

图6-14   < input >控件 type 属性值应用的效果

在图6-14中，将表中所列的< input >标签的 type 属性的所有取值都展示出来。为了便于读者更好地掌握不同的 input 控件类型，下面对其进行说明。

（1）单行文本框（<input type = "text">）

<input type = "text">用于创建一个单行输入文本框，用户可以在其中输入文本信息，输入的信息以明文显示。

基本语法：

```
<input  type ="text"  name =" "  size =" "  maxlength =" "  value =" "  dis-
able =" "  readonly =" "/>
```

type 的属性值必须是"text"，除了 type 属性外，还有 name、maxlength、size 和 value 等属性。

文本框如例 6-9 中的 <input type = "text" value = "请输入名字" name = "username"/>。

（2）密码框（<input type = "password">）

<input type = "password">用于创建一个密码框，以"＊"或者"·"符号回显所输入的字符，从而起到保密的作用。

基本语法：

```
<input  type ="password"  name =" "  size =" "  maxlength =" "  value =" "
disable =" "  readonly =" "/>
```

type 的属性值必须是"password"，除了 type 属性外，其他的属性和文本框的属性一样。

密码框如例 6-9 中的 <input type = "password" name = "pwd"/>。

（3）复选框（<input type = "checkbox">）

<input type = "checkbox">用于在一组选项中进行多项选择，复选框用一个方框表示。

基本语法：

```
<input  type ="checkbox"  name =" "  value =" "  checked =" "/>
```

type 的属性值必须是"checkbox"，如果设置为 checked 属性值，则表示此复选框被选中。

复选框如例 6-9 中的 <input type = "checkbox" name = "v1" checked = "checked">西瓜。

（4）单选按钮（<input type = "radio">）

<input type = "radio">用于在一组选项中进行单项选择，单选按钮用一个圆圈表示。

基本语法：

```
<input  type ="radio"  name =" "  value =" "  checked =" "/>
```

type 的属性值必须是"radio"，其中 checked 属性如果设置为 checked 属性值，则表示此单选按钮被选中。

单选按钮如例 6-9 中的 <input type = "radio" name = "sex" checked = "checked">男。

单选按钮还存在着分组的问题，只需要将同组单选按钮的 name 设置为一样的，即可将多个单选按钮设为同一组。同一组的单选按钮每次只能选择一个。

（5）普通按钮（<input type = "button">）

<input type = "button">用于激发按钮所指定的 JavaScript 函数。

基本语法：

```
<input  type ="button"  name =" "  value =" "  onclick =" "/>
```

type 的属性值必须是"button"，其中 value 属性设置按钮上面显示的文本，onclick 指定普通按钮所处理的函数名。

普通按钮如例6-9中的 < input type = "button" name = "btn1" value = "普通按钮" > 。

（6）提交按钮（ < input type = "submit" > ）

< input type = "submit" > 用于将表单内容提交到指定服务器处理程序或者指定客户端脚本进行处理。

基本语法：

```
< input  type = "submit"  name = "  "  value = "  "  />
```

type 的属性值必须是"submit"，其他的属性同普通按钮属性说明。

提交按钮如例6-9中的 < input type = "submit" name = "sbt1" value = "提交按钮" > 。

（7）重置按钮（ < input type = "reset" > ）

< input type = "reset" > 用于清除表单中所输入的内容，将表单内容恢复成默认的状态。

基本语法：

```
< input  type = "reset"  name = "  "  value = "  "  />
```

type 的属性值必须是"reset"，其他的属性同普通按钮属性说明。

重置按钮如例6-9中的 < input type = "reset" name = "rst1" value = "重置按钮" > 。

（8）图像按钮（ < input type = "image"/> ）

图像按钮的外形以图像表示，功能与提交按钮一样，具有提交表单内容的作用。

基本语法：

```
< input type = "image"  name = "  "  src = "  "  width = "  "  height = "  "/>
```

type 的属性值必须是"image"，其中 src 为按钮指定的显示图像，src 属性也是必须设置的属性。其他的属性同普通按钮的说明。

图像按钮如例6-9中的 < input type = "image" name = "img1" src = "图标 . png" value = "图像按钮"/> 。

（9）隐藏按钮（ < input type = "hidden"/> ）

< input type = "hidden" > 用于创建隐藏域，隐藏域不会被访问者看到，它主要的作用是在不同的页面中传递域中所设定的值。

基本语法：

```
< input type = "hidden"  name = "  "  value = "  "/>
```

type 的属性值必须是"hidden"，其他的属性在前面的项目中均有介绍，这里不再重复。

隐藏按钮如例6-9中的 < input type = "hidden" value = "123" name = "sal"/> 。

（10）文件按钮（ < input type = "file"/> ）

< input type = "file" > 用于完成文件提交事宜，可以将本地文件提交到服务器。

基本语法：

```
< input type = "file"  name = "  "/>
```

type 的属性值必须是"file"，其他的属性在前面的项目中均有介绍，这里不再重复。

文件按钮如例6-9中的 < input type = "file" name = "myfile"/> 请选择文件。

2. < textarea > 控件

在网页表单中经常可以看到有用于用户填写备注信息或者评论信息的多行多列文本区，

这个区域是通过 < textarea > 控件来创建的。

基本语法如下:

```
< textarea   name = "文本区域名称"   rows = "行数"   cols = "列数" >…</ textarea >
```

rows 属性设置可见行数,当文本内容超出这个值时将显示垂直滚动条;cols 属性设置文本区内的可见列数,即一行可输入多少个字符。

< textarea > 控件的常用属性如表 6-6 所示。

表 6-6 < textarea > 控件的常用属性

属性	值	描述
cols	number	规定文本区内的可见列数
disabled	disabled	规定禁用该文本区
name	name _ of _ textarea	规定文本区的名称
readonly	readonly	规定文本区为只读
rows	number	规定文本区内的可见行数

下面通过例 6-10 来说明 < textarea > 控件的用法。

例 6-10:

```
1.   <!DOCTYPE html >
2.   <html >
3.     < head >
4.        < meta charset = "UTF-8" >
5.        < title >多行文本框</ title >
6.     </ head >
7.     < body >
8.        < textarea rows = "10" cols = "30" >
9.   我是一个文本框。
10.  </ textarea >
11.    </ body >
12.  </ html >
```

运行例 6-10,效果如图 6-15 所示。

代码 6-10 创建了一个 10 行 30 列的多行文本输入框。例 6-10 未介绍的表 6-6 中的其他属性值请大家自行设置验证。

3. < select > 控件

选择列表允许访问者从选项列表中选择一项或者几项。创建选择列表要使用 < select > 控件和 < option > 标签。< select > 控件用于声明选择列表,可以由其属性确定是否可以多选以及可以显示的最大选项数; < option > 标签用于声明选

图 6-15 < textarea > 控件运行效果

择列表控件中的各选项,在 < option > 中主要可以设置各选项的值及是否被选中。

基本语法：

```
<select name="…" size=" " multiple=" " disabled=" ">
    <option value=" " selected=" " disabled=" ">标签选项1</option>
    <option value=" " selected=" " disabled=" ">标签选项2</option>
    <option value=" " selected=" " disabled=" ">标签选项3</option>
</select>
```

<select>控件的常用属性如表6-7所示。

表6-7　<select>控件的常用属性

属性	值	描述
name	name_of_select	规定选项列表的名称
disabled	disabled	规定禁用该文本区
multiple	multiple	规定可选择多个选项
size	number	规定选项列表中可见选项的数目

<option>标签的常用属性如表6-8所示。

表6-8　<option>标签的常用属性

属性	值	描述
disabled	disabled	规定此选项应在首次加载时被禁用
label	text	定义当使用<optgroup>时所使用的标注
selected	selected	规定选项（首次显示在列表中时）表现为选中状态
value	text	定义送往服务器的选项值

下面通过如下例6-11来说明<select>控件和<option>标签的用法。

例6-11：

```
1.  <!DOCTYPE html>
2.  <html>
3.    <head>
4.      <meta charset="UTF-8">
5.      <title>创建多项选择列表</title>
6.    </head>
7.    <body>
8.      <form>
9.        理工学院下属学院：<br/>
10.        <select name="department" size="4" multiple="multiple">
11.          <option value="computer" selected="selected">计算机学院</option>
12.          <option value="math">数理学院</option>
13.          <option value="chemistry" selected="selected">化学学院</option>
14.          <option value="electric">电气学院</option>
```

```
15.                <option value = "machine">机械学院</option>
16.           </select>
17.        </form>
18.    </body>
19. </html>
```

运行例 6-11 后，效果如图 6-16 所示。

图 6-16   < select > 控件运行效果

在例 6-11 的代码中，< select name = "department" size = "4" multiple = "multiple" >中的 multiple = "multiple"代表允许多项选择，size = "4"代表一次显示 4 项，但在整个列表中有 5 个选项，一次显示不完全，因此会显示垂直滚动条。向下拖动滚动条会显示第 5 个选项——机械学院。在图 6-16 中可以看到默认情况下有两项被选中，这是因为这两项对应的代码中都有 selected = "selected"这个参数。

< select > </select >也可以一次只选择一个列表选项，且一次只显示一个列表选项的选择列表。基本语法和上面介绍的相同，只是不用 size 参数或者 size = 1，并且不能设置 multiple属性。将例 6-11 稍做修改，可以得到单个选项显示列表，如例 6-12 所示。

例 6-12：

```
1.  <!DOCTYPE html >
2.  <html >
3.     <head >
4.        <meta charset = "UTF-8" >
5.        <title >创建单项选择列表</title >
6.     </head >
7.     <body >
8.        <form >
9.              理工学院下属学院:<br/>
10.        < select name = "department" >
11.             <option value = "computer" >计算机学院</option >
12.             <option value = "math" >数理学院</option >
13.             <option value = "chemistry" selected = "selected" >化学学院
</option >
14.             <option value = "electric" >电气学院</option >
```

```
15.              <option value = "machine">机械学院</option>
16.          </select>
17.       </form>
18.    </body>
19. </html>
```

运行例 6-12 后，效果如图 6-17 所示。

图 6-17　带 size 属性的 <select> 控件运行效果

本例与例 6-11 的区别在于 <select> 中没有设置 size 和 multiple 属性，从而使得列表只显示一项选择项。将第 3 项 "化学学院" 设置为默认选项 selected = "selected"，网页刷新时作为默认项显示。

4. <fieldset> - <legend> 控件

<fieldset> 可以将 <form> 中的各种不同的表单域进行分组，并默认使用边框将不同的 fieldset 围起来。而 <legend> 控件可为 fieldset 元素定义标题。

当一组表单元素放到 <fieldset> 控件内时，浏览器会以特殊方式来显示它们，它们可能有特殊的边界、3D 效果，甚至可创建一个子表单来处理这些元素。

下面通过例 6-13 来说明 <fieldset> 控件和 <legend> 控件的用法。

例 6-13：

```
1. <!DOCTYPE html>
2. <head>
3.    <meta charset = "UTF-8"/>
4.    <title><fieldset>标签和<legend>标签</title>
5. </head>
6. <body>
7.    <form>
8.       <fieldset>
9.          <legend>登录系统：</legend>
10.         姓名：<input type = "text"/> <br/>密码：<input type = "text"/> <br/>
11.         <input type = "checkbox">记住我      <input type = "submit" value = '登录'>
12.      </fieldset>
13.    </form>
```

```
14. </body>
15. </html>
```

运行例6-13，效果如图6-18所示。

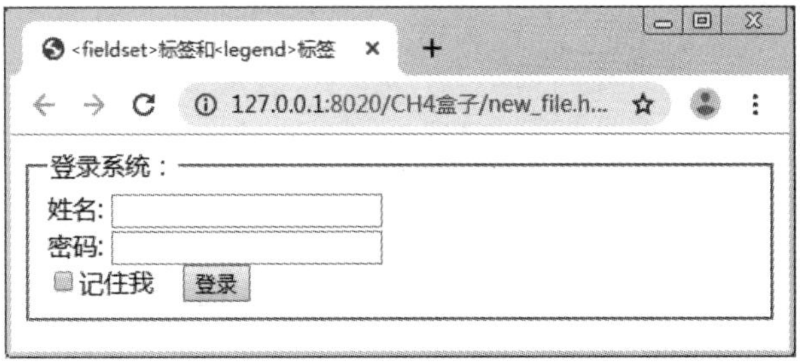

图6-18   < fieldset > - < legend >控件运行效果

【任务6-4】 "商贸网信息注册" 页面布局及基础样式定义

现在做一个商贸网信息注册的专题首页，首先进行一些准备工作，并进行页面结构布局，然后再开始制作相应的模块。

1. 准备工作

通过前面基本的表单表格相关知识的学习，我们现在来制作"商贸网信息注册"页面。首先进行的是准备工作及页面布局，然后开始制作各个模块。

1）打开HBuilder，在菜单栏中选择"文件">"新建">"Web项目"命令，在弹出的"创建Web项目"对话框中输入项目名称"comm_log"，选择好项目存放的位置，选择"默认项目"，并单击"完成"按钮。在HBuilder的项目管理器中会出现一个comm_log目录，在这个目录中已经建立好了3个文件夹和1个index.html文件。可以将项目有关的图片都放到img文件夹中，在css文件夹中新建一个css文件，用于编写相关CSS代码，采用外链方式连接到HTML文档中。js文件夹暂时不用，可以删除或者不管。

2）利用切片工具导出"商贸网信息注册"页面中的素材图片，存储在项目chapter06下面的img文件夹下。导出后的素材如图6-19所示。

图6-19   "商贸网信息注册"页面的切片素材

2. 效果分析

首先进行"商贸网信息注册"页面的布局，通过布局可以使网站页面结构更加清晰。"商贸网信息注册"页面分为5个模块，分别是标题搜索模块、菜单模块、banner模块、注册信息模块、页脚模块。在项目文件夹下新建一个工程文件，命名为project6.html，然后通过< div >标签将页面划分为5个部分。页面整体布局代码如下：

```
1.   <!DOCTYPE html >
2.   <html >
3.
4.     <head >
5.         <meta charset = "UTF-8"/>
6.         <title >商贸网 </title >
7.         <link rel = "stylesheet" href = "css/style06.css"/>
8.     </head >
9.     <body >
10.         <!--标题搜索模块开始-- >
11.         <div class = "head-Warp" >
12.             </div >
13.         <!--标题搜索模块结束-- >
14.
15.         <!--菜单模块开始-- >
16.         <div class = "nav-Warp " >
17.             </div >
18.         <!--菜单模块结束-- >
19.
20.         <!--banner 模块开始-- >
21.         <div class = "img-nav" >
22.             </div >
23.         <!--banner 模块结束-- >
24.
25.         <!--注册信息模块开始-- >
26.         <div id = "content" >
27.             </div >
28.         <!--注册信息模块结束-- >
29.
30.         <!--页脚模块开始-- >
31.         <div class = "footer" >
32.             </div >
33.         <!--页脚模块结束-- >
34.
35.     </body >
36. </html >
```

从上面的 HTML 代码可以看出，通过 5 个 < div > 标签将页面划分成了 5 个模块，截图如图 6-20 所示。

3. 定义基础样式

在 css 文件夹中新建样式表文件 style06. css，使用外链方式在 project6. html 文件头部中引入样式文件 style06. css。在 style06. css 文件中定义页面的基础样式，具体如下：

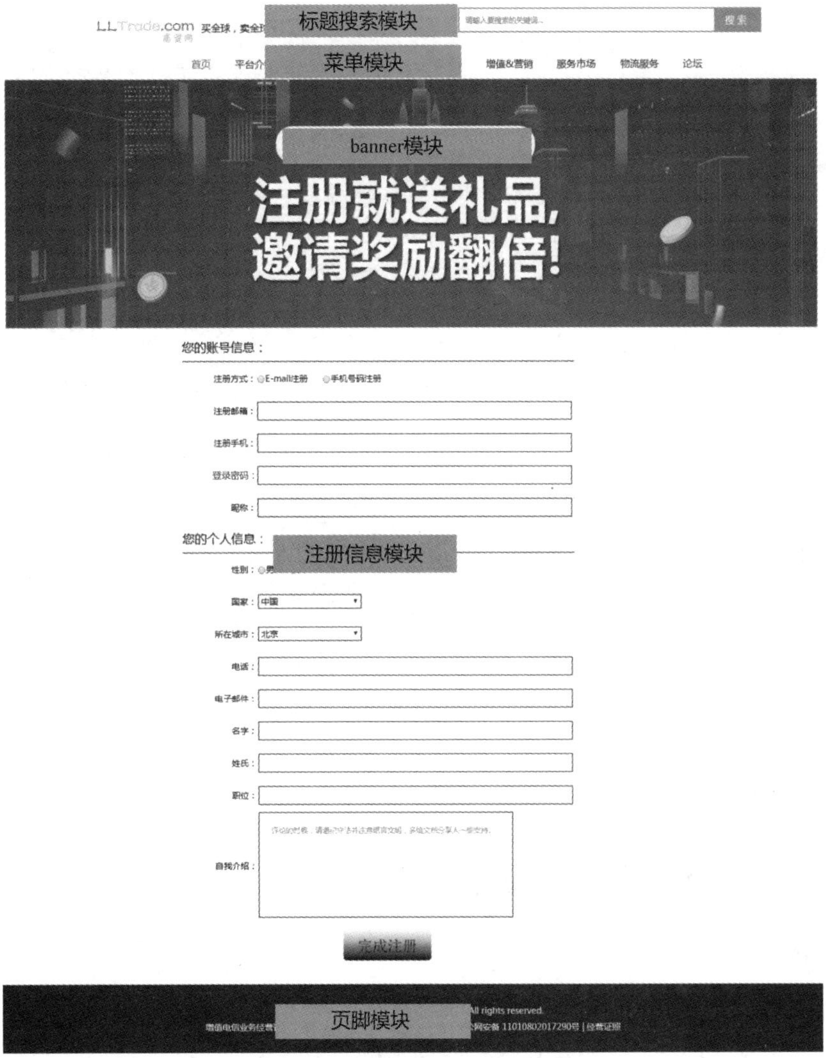

图 6-20　商贸网信息注册页面分析

```
1. * {
2.    margin:0;
3.    padding:0;
4.    list-style:none;
5.    outline:none;
6.    border:0;
7.    background:none;
8. }
9.
10. body {
11.    font-family:"微软雅黑";
```

```
12.    font-size:14px;
13. }
14.
15. a{
16.    text-decoration:none;
17.    color:#666;
18.    font-size:16px;
19. }
20.
21. button,input,select,textarea
22. {
23.    font:100%   "微软雅黑";
24. }
25.
26. img {
27.    vertical-align:top;
28. }
```

第 2 ~ 7 行对页面进行初始化,将内外边距设置为 0,取消边框和背景色等。第 11 行和第 12 行设置字体和字体大小。第 16 ~ 18 行设置 < a > 标签无下画线,以及字体颜色和字体大小。第 23 行设置相关标签的字体大小和字体。第 27 行设置 < img > 标签为垂直对齐方式,元素的顶端与行中最高元素的顶端对齐。

【任务 6-5】 标题搜索模块制作

1. 效果分析

如图 6-21 所示,标题搜索模块可以分为左、右两个部分:左边是商贸网的 logo 图片,可通过标签来显示;右边为搜索框,可通过标签来显示。

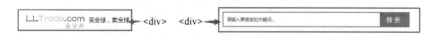

图 6-21　标题搜索模块分析

2. 模块制作代码

头部模块的 HTML 代码如下:

```
1. < div class = "head" >
2.    < div class = "logo" >
3.       < img src = "img/logo. png"/>
4.       < span class = "head- span" >买全球,卖全球 </ span >
5.    </ div >
6.
7.    < div class = "search" >
```

```
8.          <div class="search-inner">
9.            <div class="search-keywords">
10.             <input type="text" value="请输入要搜索的关键词..."/>
11.            </div>
12.            <input type="button" name="button" class="search-text" value="搜索"/>
13.          </div>
14.     </div>
15. </div>
```

由于本模块包含了两个部分，所以在最外层用 < div class = "head" > </div > 将整个内容都包括进来。< div class = "logo" > 和 < div class = "search" > 分别表示左边的 logo 部分和右边的搜索框部分。

3. 控制样式

在样式表文件 style06. css 中书写 CSS 样式代码，用于控制标题搜索模块，具体如下：

```
1. .head {
2.    margin:0 auto;
3.    width:1040px;
4.    height:80px;
5.    position:relative;
6. }
7.
8. .head-span {
9.    font-size:16px;
10.   height:64px;
11.   line-height:64px;
12. }
13.
14..logo {
15.   position:absolute;
16.   top:20px;
17.   left:0;
18. }
19.
20. .search {
21.   position:absolute;
22.   right:0px;
23.   top:30px;
24.   padding:2px;
25.   height:36px;
26.   background-color:#ff8000;
27.   width:500px;
```

```
28.  }
29.
30.  .search-inner {
31.    height:36px;
32.    background:#fff
33.  }
34.
35.  .search-keywords {
36.    padding-left:10px;
37.    height:36px
38.  }
39.
40.  .search-keywords input {
41.    width:386px;
42.    padding:10px 0;
43.    font-size:12px;
44.    color:#999;
45.    height:15px;
46.  }
47.
48.  .search-text {
49.    position:absolute;
50.    top:2px;
51.    right:2px;
52.    width:78px;
53.    height:36px;
54.    cursor:pointer;
55.    background:#ff8000;
56.    color:#fff;
57.    font-size:16px;
58.    text-align:center;
59.    line-height:36px;
60.    font-family:"微软雅黑";
61.  }
```

在上述代码中，第 2 行代码定义 "margin：0 auto；" 是设置 class 为 head 的 div 居中对齐；第 5 行 "position：relative；" 设置 head 的定位方式为相对定位。第 15 行设置 logo 的定位方式为绝对定位，与其父 div 的定位方式相配合，形成 "子绝父相" 的定位方法；通过第 16 行和第 17 行的 top 和 left 属性来使得 logo 达到居左显示的效果。第 21 行对右边的搜索框设置绝对定位；通过 22 行和 23 行的 right 和 top 属性使得搜索框达到居右显示的效果。第 36 行的 "padding-left：10px；" 使得搜索框的文本与搜索框的左边框有 10px 的间隔。第 42 行的 "padding：10px 0；" 设置搜索框的文本与搜索框的上下边框各有 10px 间隔。第 49 行的

"position：absolute；"设置搜索按钮的定位方式为绝对定位；第53行和59行设置高度和行高一致，使得单行文本垂直居中；第58行定义文本水平居中。

保存 project6. html 与 style06. css 文件，刷新页面，效果如图6-22所示。

图6-22　标题搜索模块效果

【任务6-6】　菜单模块制作

1. 效果分析

菜单模块主要显示的是菜单项内容，总共包括9个菜单项。结构较为简单，使用前面学习过的 ul-li 结构实现，分析如图6-23所示。

图6-23　菜单模块分析

2. 模块制作代码

头部模块的 HTML 代码如下：

```
1.  <div class="nav">
2.    <ul>
3.        <li>
4.          <a href="#"><span class="nav-span">首页</span></a>
5.        </li>
6.        <li>
7.          <a href="#">平台介绍</a>
8.        </li>
9.        <li>
10.          <a href="#">行业动态</a>
11.        </li>
12.        <li>
13.          <a href="#">敦煌大学</a>
14.        </li>
15.        <li>
16.          <a href="#">政策规则</a>
17.        </li>
18.        <li>
19.          <a href="#">增值&营销</a>
20.        </li>
21.        <li>
22.          <a href="#">服务市场</a>
```

```
23.        </li>
24.        <li>
25.          <a href = "#">物流服务</a>
26.        </li>
27.        <li>
28.          <a href = "#">论坛</a>
29.        </li>
30.    </ul>
31. </div>
```

在 <div class = "nav"></div> 中包含了 ul-li 结构，其中 9 个 li 元素用于表达 9 个菜单项。

3. 控制样式

在样式表文件 style06. css 中书写 CSS 样式代码，用于控制菜单模块，具体如下：

```
1.    .nav {
2.      height:40px;
3.      width:1000px;
4.      margin:0 auto;
5.    }
6.
7.
8.    .nav-span {
9.      color:#ff6000;
10.   }
11.
12.   .nav li {
13.     float:left;
14.     font-size:18px;
15.     font-family:"黑体","微软雅黑","楷体";
16.     line-height:50px;
17.   }
18.
19.   .nav li a {
20.     display:inline-block;
21.     padding:0 25px;
22.     color:#333
23.   }
24.
25.   .nav li a:hover {
26.     color:#ff6000
27.   }
```

第 4 行设置菜单居中显示，第 13 行设置 <ul> 中的 li 元素左浮动到同一行，第 16 行设置菜单项行高为 50px，第 20 行将 <a> 标签设置为行内块级元素，第 21 行设置菜单项左右内边距为25px，第26行设置＜a＞标签hover状态文本颜色为#ff6000。

保存project6.html与style06.css文件，刷新页面，效果如图6-24所示。

图6-24　菜单模块效果

【任务6-7】　banner模块制作

1. 效果分析

banner模块结构最为简单，内部仅包含一个＜img＞标签，用于展示图片，如图6-25所示。

图6-25　banner模块分析

2. 模块制作代码

banner模块的HTML代码如下：

```
1. <div class="img-nav">
2.    <img src="img/1.jpg"/>
3. </div>
```

在div中包含一个＜img＞标签。

3. 控制样式

在样式表文件style06.css中书写CSS样式代码，用于控制banner模块，具体如下：

```
1. .img-nav {
2.    width:1349px;
3.    height:400px;
4.    margin:0 auto;
5. }
```

设置图片居中显示，设置banner模块的宽度和高度为图片的宽度和高度即可。

保存project6.html与style06.css文件，刷新页面，效果如图6-26所示。

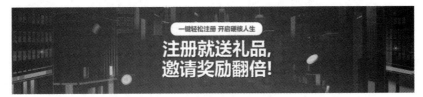

图6-26　banner模块效果图

【任务6-8】 注册信息模块制作

1. 效果分析

注册信息模块结构较为复杂，主要内容为表单标签，分析如图6-27所示。

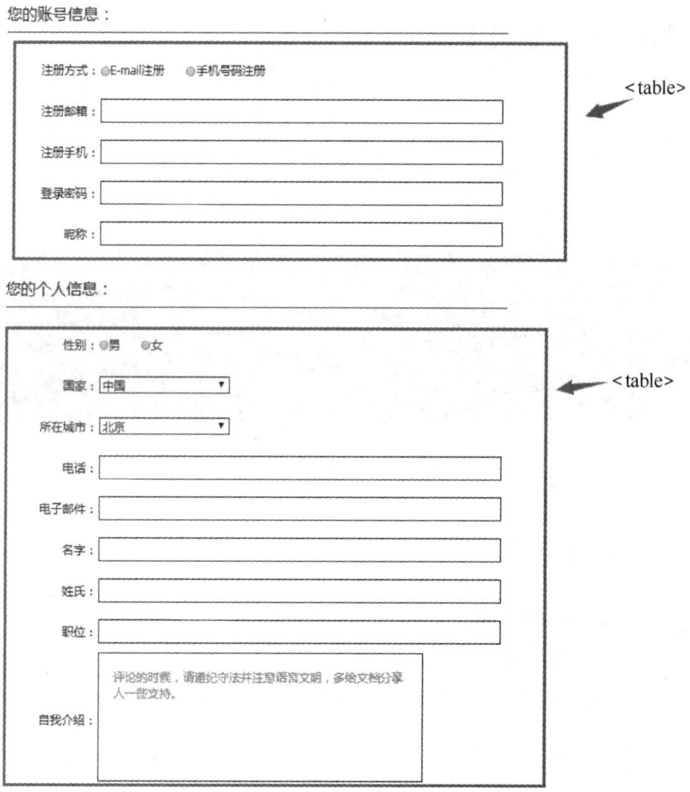

图6-27 注册信息模块分析

2. 模块制作代码

注册信息模块的 HTML 代码如下：

```
1.   <div id="content">
2.     <form action="#" method="post">
3.       <h3>您的账号信息：</h3>
4.       <table>
5.         <tr>
6.           <td class="left">注册方式：</td>
7.           <td>
8.             <label for="one"><input type="radio" name="sex" id="one"/>E-mail注册
9.             </label>    
```

```
10.                    < label for = "two" > < input type = "radio" name = "sex" id
= "two"/>手机号码注册</label >
11.              </td >
12.          </tr >
13.          <tr >
14.              <td class = "left" >注册邮箱:</td >
15.              <td > < input type = "text" class = "right"/> </td >
16.          </tr >
17.          <tr >
18.              <td class = "left" >注册手机:</td >
19.              <td > < input type = "text" class = "right"/> </td >
20.          </tr >
21.          <tr >
22.              <td class = "left" >登录密码:</td >
23.              <td > < input type = "password" maxlength = "8" class = "right"/
> </td >
24.          </tr >
25.          <tr >
26.              <td class = "left" >昵称:</td >
27.              <td > < input type = "text" class = "right"/> </td >
28.          </tr >
29.      </table >
30.      <h3 >您的个人信息:</h3 >
31.      <table class = "content" >
32.          <tr >
33.              <td class = "left" >性别:</td >
34.              <td >
35.                  < label for = "boy" > < input type = "radio" name = "sex" id
= "boy"/>男
36.                  </label >    
37.                  < label for = "girl" > < input type = "radio" name = "sex" id
= "girl"/>女</label >
38.              </td >
39.          </tr >
40.          <tr >
41.              <td class = "left" >国家:</td >
42.              <td >
43.                  < select >
44.                      < option selected = "selected" >中国</option >
45.                      < option >美国</option >
46.                      < option >英国</option >
47.                      < option >俄罗斯</option >
```

```
48.              </select>
49.           </td>
50.        </tr>
51.        <tr>
52.           <td class="left">所在城市:</td>
53.           <td>
54.              <select>
55.                 <option selected="selected">北京</option>
56.                 <option>上海</option>
57.                 <option>华盛顿</option>
58.                 <option>伦敦</option>
59.                 <option>莫斯科</option>
60.              </select>
61.           </td>
62.        </tr>
63.        <tr>
64.           <td class="left">电话:</td>
65.           <td><input type="text" class="right"/></td>
66.        </tr>
67.        <tr>
68.           <td class="left">电子邮件:</td>
69.           <td><input type="text" class="right"/></td>
70.        </tr>
71.        <tr>
72.           <td class="left">名字:</td>
73.           <td><input type="text" class="right"/></td>
74.        </tr>
75.        <tr>
76.           <td class="left">姓氏:</td>
77.           <td><input type="text" class="right"/></td>
78.        </tr>
79.        <tr>
80.           <td class="left">职位:</td>
81.           <td><input type="text" class="right"/></td>
82.        </tr>
83.        <tr>
84.           <td class="left">自我介绍:</td>
85.           <td>
86.              <textarea cols="60" rows="8">评论的时候,请遵纪守法并注
意语言文明,多给文档分享人一些支持。</textarea>
87.           </td>
88.        </tr>
```

```
89.          <tr>
90.              <td colspan = "2" > < input type = "button" class = "btn"/>
</td>
91.            </tr>
92.         </table >
93.       </form >
94.   </div >
```

本代码定义了 id 为 content 的 < div >，用于定义网页的"注册信息模块"。定义了两个
< table >标签来搭建"您的账号信息"和"您的个人信息"部分，表格内部嵌套 < input >
控件用于定义单行文本输入框、单选按钮和提交按钮等，< select >控件用于定义下拉菜单，
< textarea >控件用于定义多行文本输入框。

3. 控制样式

在样式表文件 style06. css 中书写 CSS 样式代码，用于控制注册信息模块，具体如下：

```
1. #content {
2.     width:1000px;
3.     height:1050px;
4.     margin:0 auto;
5.     padding-left:240px;
6.     padding-top:20px;
7. }
8.
9. h3 {
10.    width:650px;
11.    height:45px;
12.    font-size:20px;
13.    font-weight:100;
14.    color:#333;
15.    line-height:45px;
16.    border-bottom:1px solid #333;
17. }
18.
19. td{
20.    height:50px;
21.    color:#333;
22. }
23.
24. .left {
25.    width:120px;
26.    text-align:right;
27. }
```

```
28.
29. .right {
30.     width:520px;
31.     height:28px;
32.     border:1px solid #333;
33. }
34.
35. input {
36.     vertical-align:middle;
37. }
38.
39. select {
40.     width:171px;
41.     border:1px solid #333;
42.     color:#333;
43. }
44.
45. textarea {
46.     width:380px;
47.     border:1px solid #333;
48.     resize:none;
49.     font-size:12px;
50.     color:#aaa;
51.     padding:20px;
52. }
53.
54. .btn {
55.     width:408px;
56.     height:76px;
57.     background:url(../img/btn.png) right center no-repeat;
58. }
```

　　第4行用于将模块在页面中水平居中显示。第5行和第6行用于将表格内容向左偏移240px和向下偏移20px。第11行和15行设置高度和行高均为45px，使得文本垂直居中。第16行设置下边框使标题有下画线。第19~22行设置td单元格的统一样式。第24~27行设置table左侧单元格的样式，第29~33行设置table右侧单元格的样式。第36行代码将<input>控件内的元素设置为垂直居中显示。第48行代码将<textarea>控件大小固定，不能被调节。第51行设置<textarea>控件的内边距为20px。第57行设置注册按钮的背景图片，并将背景图片居右显示。

　　保存project6. html与style06. css文件，刷新页面，效果如图6-28所示。

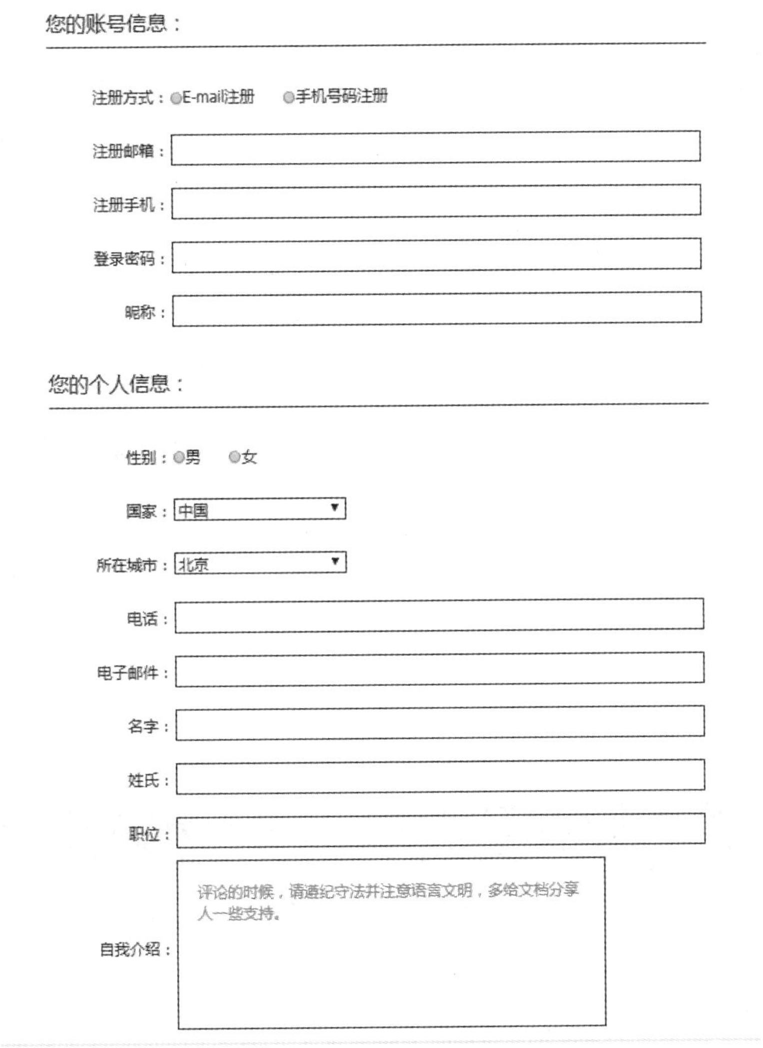

您的账号信息：

注册方式：⦿E-mail注册　⦿手机号码注册

注册邮箱：

注册手机：

登录密码：

昵称：

您的个人信息：

性别：⦿男　⦿女

国家：中国 ▼

所在城市：北京 ▼

电话：

电子邮件：

名字：

姓氏：

职位：

自我介绍：评论的时候，请遵纪守法并注意语言文明，多给文档分享人一些支持。

图 6-28　注册信息模块效果

【任务 6-9】　页脚模块制作

1. 效果分析

页脚模块结构较为简单，＜ div ＞里面包含一个 p 元素，p 元素中的两行文本用＜ br/＞进行换行，分析如图 6-29 所示。

图 6-29　页脚模块分析

2. 模块制作代码

页脚模块的 HTML 代码如下：

```
1. < div class = "footer" >
2.     < p > Copyright Notice © 2004 - 2018 DHgate. com All rights reserved. < br/ >
```
增值电信业务经营许可证: 京 B2-20180361 ｜ 京 ICP 备 16060083 号 ｜ 京公网安备
11010802017290 号 ｜经营证照 </p>
```
3. < /div >
```

3. 控制样式

在样式表文件 style06. css 中书写 CSS 样式代码, 用于控制页脚模块, 具体如下:

```
1. . footer {
2.     width:100%;
3.     height:80px;
4.     line-height:26px;
5.     background:#333;
6.     color:white;
7.     text-align:center;
8.     padding-top:30px;
9. }
```

第 2 行代码用于设置整个页脚部分全屏显示, 第 4 行用于设置两行文本行高为 26px, 第
7 行设置文本水平居中, 第 8 行设置整个 div 上内边距为 30px。

保存 project6. html 与 style06. css 文件, 刷新页面, 效果如图 6-30 所示。

图 6-30　页脚模块效果

【项目总结】

1. 本项目主要是使读者熟练掌握表格表单基本的用法, 主要结合了盒子模型和定位等
来设计一个商贸网信息注册的网页。希望读者在学习新知识的同时也能够灵活运用前面所学
的内容。

2. 制作一个网页, 建议读者采用"总-分"的方法来处理, 先总体设计布局样式, 然后针
对不同的模块来书写代码, 做到关注点分离。另外, 在完成一部分模块后, 及时用浏览器进行
浏览, 查看效果。在这个过程中体会各个 HTML 标签的作用, 并能及时发现自己的问题。

3. 在编辑代码的过程中, 出现问题要及时处理, 可以检查是否有拼写错误, 标点是否
是中文的等。对查出来的问题, 最好做一个笔记, 提醒自己以后不再出错。

【课后练习】

一、填空题

1. 表格的标签是_____, 单元格的标签是_____。

2. 对于＜input＞控件，设置密码输入框 type 的属性值是_____，设置单选按钮 type 的属性值是_____，设置提交按钮 type 的属性值是_____。

3. ＜select＞控件中用于定义选项菜单中的具体项标签是_____，用于实现具体项分组的标签是_____。

4. table 标签常用的属性中，用于设置单元格与单元格之间空白间距的是_____，用于设置单元格内容与单元格边框之间空白间距的是_____。

二、选择题

1. 下列选项中，能够设置表单背景颜色的属性是（   ）。

A. size   B. padding   C. background-color   D. border

2. 关于＜tr＞标记的描述，下列选项中正确的是（   ）。

A. tr 是表格中的单元格标记   B. tr 可以单独使用

C. tr 是表格中的行标记   D. tr 没有属性

3. 下列选项中，用来定义多行文本框的是（   ）。

A. ＜input/＞   B. ＜textarea＞＜/textarea＞

C. ＜select＞＜/select＞   D. ＜form＞＜/form＞

4. 下列选项中，用来设置单元格横跨的列数的是（   ）。

A. width   B. bgcolor   C. rowspan   D. colspan

5. 阅读下面代码：

＜tr height = "80" align = "center" valign = "top" bgcolor = "yellow"＞

＜td＞姓名＜/td＞

＜td＞性别＜/td＞

＜td＞电话＜/td＞

＜td＞住址＜/td＞

＜/tr＞

上面这段代码表示的含义是（   ）。

A. 按照设置的高度显示，文本内容水平居中、垂直居上且添加了背景颜色

B. 按照设置的高度显示，文本内容水平居右、垂直居上且添加了背景颜色

C. 按照设置的高度显示，文本内容水平居中、垂直居中且添加了背景颜色

D. 按照设置的高度显示，文本内容水平居右、垂直居中且添加了背景颜色

6. CSS 代码如下所示：

table｛border：1px solid red；｝

上述代码的含义是（   ）。

A. 设置 table 的边框为一像素的红色实线

B. 设置单元格的边框为一像素的红色实线

C. 设置 table 的边框为一像素的红色虚线

D. 设置单元格的边框为一像素的红色虚线

7. 下列选项中，用来定义下拉列表的是（   ）。

A. ＜input/＞   B. ＜textarea＞＜/textarea＞

C. ＜select＞＜/select＞   D. ＜form＞＜/form＞

8. 给 < input > 控件应用以下 CSS 样式：

background：url（images/1. jpg） no- repeat 5px center #FFF；

上述代码的含义是（ ）。

A. 定义 < input > 控件的背景　　　　　　　B. 定义 < input > 控件的文本颜色

C. 定义 < input > 控件的内边距　　　　　　D. 定义 < input > 控件的文本宽高

9. < form > 与 </ form > 之间的表单控件是由用户自定义的。下列选项中，不属于表单标签 < form > 常用属性的是（ ）。

A. action　　　　　　B. size　　　　　　C. method　　　　　　D. name

10. 若要产生一个 4 行 30 列的多行文本域，以下方法中正确的是（ ）。

A. < input type = "text" rows = "4" cols = "30" name = "txtintrol" >

B. < textarea rows = "4" cols = "30" name = "txtintro" >

C. < textarea rows = "4" cols = "30" name = "txtintro" > </ textarea >

D. < textarea rows = "30" cols = "4" name = "txtintro" > </ textarea >

三、问答题

1. 请按图 6-31 写出相应代码实现。

图 6-31　课后练习图

2. < input > 控件的 type 属性值各有哪几项？具体是什么？请至少说出 5 项。

项目 7

"大学生服务中心" 专题页制作

【项目背景】

张小明同学经过前面 HTML 基础知识及相关案例的学习,具有了一定的网页制作经验,在学校也有了一定的名气。最近接到学校学生工作部刘书记的电话,请张小明为学生工作部下属部门"大学生服务中心"制作网页。

刘书记提出的要求是界面大气,布局合理。刘书记鼓励张小明说:"你已经具备了一定的网页制作基础,经过努力,相信你一定可以圆满完成本次任务。"张小明在刘书记的鼓励下,欣然接受了任务,并向王叔叔请教。

王叔叔对他说,这是一个综合网页,主要需要掌握网页布局的相关知识,比如:

- 掌握什么是网页布局、分类。
- 掌握分列布局。
- 了解使用 DIV + CSS 来实现布局的解决方案。
- 掌握各种布局方式的灵活运用。

掌握了上述知识后,就可以完成有关布局的综合项目了。本项目的网页效果图如图 7-1 所示。

图 7-1 "大学生服务中心"效果图

【任务7-1】 网页布局的基本概念

网页布局是指当网站栏目结构确定之后，为了满足栏目设置的要求进行的网页模板规划。网页布局主要包括网页定位、网站菜单和导航的设置、网页信息的排放位置等。

1. 网页定位

在传统的网站设计中，网页结构定位通常有表格定位和框架结构定位两种方式。由于框架结构将一个页面划分为多个窗口，破坏了网页的基本用户界面，因此容易产生一些意想不到的情况，如链接错误、不能为用户所看到的每一帧都设置一个标题等。

2. 菜单和导航设置

网站的菜单一般是指各级栏目，由一级栏目组成的菜单称为主菜单。这个菜单一般会出现在所有页面上，在网站首页一般只有一级栏目的菜单，而在一级栏目对应的页面，则可以对栏目进一步细分成栏目菜单或者子菜单。

导航设置是在网站栏目结构的基础上，进一步为用户浏览网站提供支持。由于各个网站的设计并没有统一的标准，不仅菜单设置各不相同，打开网页的方式也有区别。有些是在同一窗口打开新网页，有些是在新的浏览器窗口打开新网页，因此仅有网站栏目菜单有时会让用户在浏览网页过程中迷失方向，如无法回到首页或者上一级页面等，还需要辅助性的导航来帮助用户方便地使用网站。

3. 网页布局

（1）表格布局

表格布局的优势在于它能对不同对象加以处理，而又不用担心不同对象之间的影响。而且表格在定位图片和文本上比 CSS 更加简单方便，对于初学者来说，更容易上手。表格布局的不足之处在于，当用了过多表格时，页面加载速度会受到影响，从而影响整个站点的性能。表格布局的案例，在之前做过的项目中已经有讲解，这里不再赘述。

（2）框架布局

框架布局是一种传统的布局方法，它如同表格布局一样，把不同对象放置到不同页面加以处理。框架是一种特殊的网页，是一种可以将其他页面组合到一起显示的网页。

目前，框架在 HTML5 中已经不支持，因此，这种布局方式本书不予考虑。

（3）层叠样式表布局

在 HTML 4.0 标准中，CSS（层叠样式表）被提出来，它能完全精确地定位文本和图片。CSS 虽然显得有点复杂，但它成了当前常用的布局方法。本项目采用层叠样式表来布局。

【任务7-2】 分列布局

在网页结构定位时，有一个很重要的参数需要确定，即网页宽度。确定网页宽度通常有固定像素模式和屏幕自适应模式。

常用的网页布局采用分列结构，根据网页的复杂程度分为单列布局、双列布局、多列布局等类型。

1. 单列布局

单列布局是一种最简单的布局，适合各种搜索引擎主页。该布局具有干净的界面和较少的干扰信息，可以给用户较好的体验。

单列布局通常需要水平居中。水平居中方式分为父对象为固定值和宽度为100%两种情况。对于宽度为100%的情况，由于占满浏览器窗口，因此事实上不存在网页整体居中显示的问题。

案例效果如图7-2所示。

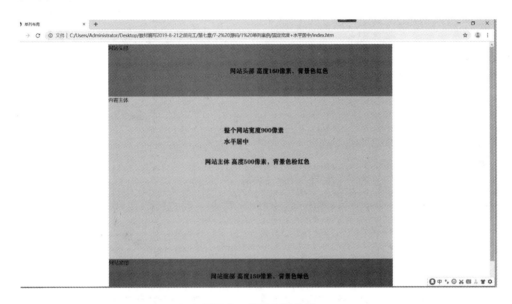

图7-2 单列布局效果

这是一个典型的单列布局案例，网站由网页主体 container 构成，container 细分为 header、content、footer 这3个组成部分。

```
1.  <body>
2.  <div id="container">
3.     <div id="header">网站头部</div>
4.     <div id="content">内容主体</div>
5.     <div id="footer">网站底部</div>
6.  </div>
7.  </body>
```

该单列布局的整体宽度为900px，水平居中。header 部分的高度为160px，背景色为红色。content 部分的高度为500px，背景色为粉红色。footer 部分的高度为150px，背景色为绿色。

```
1.  <style>
2.      #container{
3.        width:900px;      /*固定滚动*/   /*宽度,当宽度变小时会出现滚动条*/
4.        margin:0 auto;    /* 水平居中 */
```

```
5.      }
6.      #header{
7.          height:160px;              /*高度,背景颜色 */
8.          background:red;
9.      }
10.     #content{
11.         position:relative;         /*父元素设置相对定位 */
12.         height:500px;
13.         background:pink;
14.     }
15.     #footer{
16.         height:150px;
17.         background:green;
18.     }
19. </style>
```

2. 双列布局

在设计网站的时候，双列布局也是最常见的布局方式之一。双列布局的方式很灵活，包括按比列显示两列宽度、两列固定宽度和一列固定宽度一列自适应宽度等多种方式。

（1）按比例显示两列宽度

案例效果如图7-3所示。

图7-3　按1：3比例显示两列效果

网页整体container结构由左、右两列构成，通过<div>来布局。

```
1. <div    class="container">
2.     <div    class="left">左侧区域,宽度占父对象的25%</div>
3.     <div    class="right">右侧区域,宽度占父对象的75%</div>
4. </div>
```

整体 container 采用 class 类型，占满浏览器宽度。

```
1.  * {
2.      margin:0;
3.      padding:0;
4.  }
5.  .container{
6.      width:100%;
7.      min-height:500px;
8.      height:100%;
9.      border:0px solid #f00;
10. }
```

左侧和右侧宽度比为 1:3，因此左侧占父对象宽度的 25%，右侧占父对象宽度的 75%。左列和右列通过 float 属性结合 width 属性来控制定位方式。

```
1.  .left{
2.      float:left;
3.      width:25%;
4.      min-height:500px;
5.      height:100%;
6.      border:0px solid #ccc;
7.      background:#F00;
8.  }
```

```
1.  .right{
2.      float:left;
3.      width:75%;
4.      min-height:500px;
5.      height:100%;
6.      border:0px solid #ccc;
7.      background:#00f;
8.  }
```

（2）两列固定宽度

本案例中，整体 container 固定宽度为 900px 并水平居中。左侧固定宽度为 400px，右侧固定宽度为 500px，效果如图 7-4 所示。结合前面所学的知识，利用 float 属性和 width 属性来实现，有两种实现方法。

方法一：

```
1.  <meta charset = "UTF-8">
2.  <style type = "text/css">
3.  *{margin:0;padding:0; }
4.  .container
5.  {
```

```
6.        width:900px;
7.        margin:0 auto;
8.     }
9.     .left{
10.       float:left;
11.       width:400px;
12.       min-height:500px;
13.       height:100%;
14.       background:#F00;
15.    }
16.    .right{
17.       margin-left:400px;
18.       min-height:500px;
19.       height:100%;
20.       background:#00f;
21.    }
22.    </style>
23.    <div class="container">
24.       <div class="left">左侧区域:固定宽度400px</div>
25.       <div class="right">右侧区域:固定宽度500px</div>
26.    </div>
```

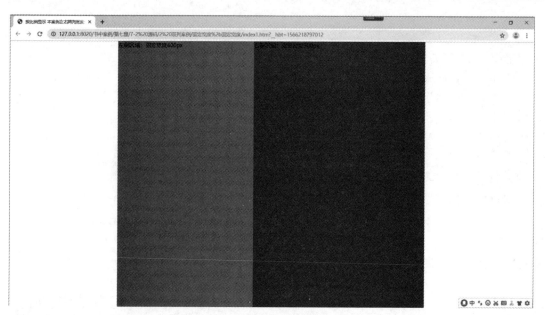

图 7-4　两列固定宽度效果

　　使用这种方法，left 和 right 类的 float 属性均设置为 left（左浮动），那么 right 类出现的时候要向左偏移 400px，需要将其 margin-left（左外边距）设置为 left 类的 width 值 400px。

　　方法二：

```
1.   <head>
2.   <title>按比例显示 本案例左右两列宽度分别为 400px 和 500px</title>
3.   <meta charset = "UTF-8">
4.   <style type = "text/css">
5.   * {margin:0;padding:0; }
6.   .container
7.   {
8.       width:900px;
9.       margin:0 auto;
10.  }
11.  .left{
12.      float:left;
13.      width:400px;
14.      min-height:500px;
15.      height:100%;
16.      background:#F00;
17.  }
18.  .right{
19.      float:right;
20.      width:500px;
21.      min-height:500px;
22.      height:100%;
23.      background:#00f;
24.  }
25.  </style>
26.  </head>
27.  <body>
28.  <div  class = "container">
29.       <div  class = "right">右侧区域:固定宽度 500px</div>
30.       <div  class = "left">左侧区域:固定宽度 400px</div>
31.  </div>
32.  </body>
```

方法二中，left 类和 right 类在使用的时候，刚好和"方法一"相反，先使用 right 类，right 类的 float 设置为 right（右浮动），先占满 500px，再使用 left 类，此时就只能使用左侧剩下的 400px，因为整体宽度是固定的（900px）。读者可以仔细比较一下这两种情况的区别。

（3）一列固定宽度一列自适应宽度

在实际布局应用中，经常出现一列固定宽度，一列自适应剩下的浏览器宽度的情况。

这种方法实现起来也很简单。参考两列固定宽度的"方法一"，只需将整体的 width 属性设置为 100%，将 right 类的 width 属性设置为 100% 即可。读者可以自行比较它们的区别。

```
1.  <head>
2.  <title>本案例一列宽度为200像素 右侧为自适应宽度</title>
3.  <meta charset="UTF-8">
4.  <style type="text/css">
5.  *{
6.      margin:0;
7.      padding:0;
8.  }
9.  .container
10. {
11.     width:100%;
12.     min-width:500px;
13. }
14. .left{
15.     float:left;
16.     width:200px;
17.     min-height:500px;
18.     height:100%;
19.     background:#F00;
20. }
21. .right{
22.     margin-left:200px;
23.     min-height:500px;
24.     height:100%;
25.     background:#00f;
26. }
27. </style>
28. </head>
29. <body>
30. <div class="container">
31.     <div class="left">左侧区域:固定宽度200px</div>
32.     <div  class="right">右侧区域:自适应</div>
33. </div>
34. </body>
```

在浏览器中显示的效果如图7-5所示。

3. 多列布局

在实际网页布局应用中,两列布局显然是不能满足需求的。但是有了两列布局作为基础,扩展到多列布局,实现起来是一件很轻松的事情。

下面是多列布局按比例显示的代码。

```
1.  <html>
2.  <head>
```

```
3.  <title>按1:1:2比例显示</title>
4.  <meta charset="UTF-8">
5.  <style type="text/css">
6.  *{
7.      margin:0;
8.      padding:0;
9.  }
10. .parent{
11.     width:100%;
12.     min-height:500px;
13.     height:100%;
14.     border:0px solid #f00;
15. }
16. .column1{
17.     float:left;
18.     width:25%;
19.     min-height:500px;
20.     height:100%;
21.     border:0px solid #ccc;
22.     background:#F00;
23. }
24. .column2{
25.     float:left;
26.     width:25%;
27.     min-height:500px;
28.     height:100%;
29.     border:0px solid #ccc;
30.     background:#0f0;
31. }
32. .column3{
33.     float:left;
34.     width:50%;
35.     min-height:500px;
36.     height:100%;
37.     border:0px solid #ccc;
38.     background:#00f;
39. }
40. </style>
41. </head>
42. <body>
43. <div class="parent">
44. <div class="column1">左侧区域</div>
```

```
45.  <div class = "column2">中间区域</div>
46.  <div class = "column3">右侧区域</div>
47.  </div>
48.  </body>
49.  </html>
```

图7-5　左侧固定宽度右侧自适应宽度的效果

本案例按 1∶1∶2 的比例显示 3 列。

浏览器中的显示效果如图 7-6 所示。

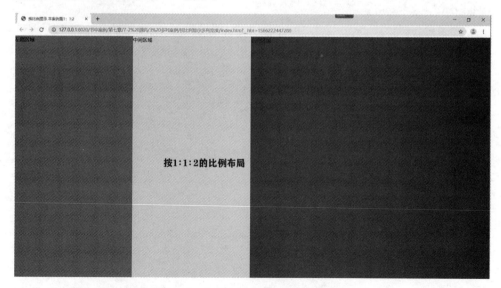

图7-6　多列布局按比例显示的效果

　　如果对上述一列固定宽度一列自适应宽度扩展到两列固定宽度一列自适应，是不是很容易呢？将两列按比例扩展到四等分显示的情况呢？请读者自行完成这两个扩展案例。

【任务7-3】 DIV+CSS布局实现方式

在实际的网页设计中，多列布局（尤其是3列布局）是最常见的布局方式之一。本任务以3列布局为例讲解3种解决方案。注意：表格<table>方案比其他HTML标记占更多的字节，会防碍浏览器渲染引擎的渲染顺序，会影响其内部某些布局属性的生效。因此，不推荐大家使用。

案例需求：左右两边宽度固定，中间内容宽度自适应。

1. 浮动解决方案

```
1.  <!DOCTYPE html >
2.  <html >
3.  <head >
4.  <meta charset = "UTF-8" >
5.  <title > </title >
6.  </head >
7.  <body >
8.  <style >
9.  * {
10.     margin: 0;
11.     padding: 0;
12. }
13. .layout {
14.     margin-top: 20px;
15. }
16. .layout div {
17.     min-height: 100px;
18. }
19. .layout .left {
20.     float: left;
21.     width: 400px;
22.     background-color: red;
23. }
24. .layout .right {
25.     float: right;
26.     width: 500px;
27.     background-color: blue;
28. }
29. .layout .center {
30.     background-color: yellow;
31. }
32. </style >
```

```
33.  <section class = "layout">
34.      <div class = "left"> </div>
35.      <div class = "right"> </div>
36.  <div class = "center">
37.  <h2>这里显示文字</h2>
38.  </div>
39.  </section>
40.  </body>
41.  </html>
```

这里利用浮动元素脱离文档流的特性来实现3栏布局，"left""right"应在"center"的前面，如果按正常"left""center""right"的顺序，中间元素形成占位，会将right顶下去，页面显示就会不正常。

浏览器中的运行效果如图7-7所示。

图7-7 运行效果

2. 定位解决方案

如果用绝对定位position：absolute实现，代码如下。

```
1.  <!DOCTYPE html>
2.  <html>
3.  <head>
4.  <meta charset = "UTF-8">
5.  <title> </title>
6.  </head>
7.  <body>
8.  <style>
9.  .left {
10.     width:400px;
11.     left:0;
12.     background-color:red;
13.     position:absolute;
14. }
15. .center {
16.     left:400px;
17.     right:500px;
```

```
18.     background-color:yellow;
19.     position:absolute;
20.  }
21.  .right {
22.     width:500px;
23.     right:0;
24.     background-color:blue;
25.  }
26.  </style>
27.  <div class="left"></div>
28.  <div class="center">
29.  <h2>文字内容</h2>
30.  </div>
31.  <div class="right"></div>
32.  </body>
33.  </html>
```

这种方式适用于精准定位的情况，需提前对每一个对象的坐标进行准确计算后才能实现。

请读者思考，如果本例采用相对布局来设计，该如何实现呢？

3. 响应式布局解决方案

传统布局解决方案基于盒状模型，依赖 display 属性、position 属性和 float 属性。对于那些特殊布局非常不方便，比如，垂直居中就不容易实现。2009 年，W3C 提出了一种新的方案——Flex 布局，可以简便、完整、响应式地实现各种页面布局。Flex 是 Flexible Box 的缩写，意为"弹性布局"，用来为盒状模型提供最大的灵活性。目前，它已经得到了所有浏览器的支持，而且 Flex 布局可能成为未来布局的首选方案。

【任务7-4】 "大学生服务中心"专题页各部分的制作

"大学生服务中心"页面要求大气，布局合理。结合前面所学的知识，制作一个综合的页面，首先要对页面进行细化，并分割成不同的板块。根据要求，本案例分为页面头部、导航菜单、轮播图、两列内容布局、三列内容布局、单列内容布局和页面底部几个部分。

打开 HBuilder，新建一个基于 HTML5 的 HTML 文件，如图 7-8 所示。

在页面中输入以下内容：

```
1.  <!DOCTYPE html>
2.  <html>
3.  <head>
4.  <title>大学生服务中心</title>
5.  <meta charset="UTF-8">
6.  <link rel=stylesheet href="css/style.css">
7.  </head>
```

```
8.    <body>
9.    <!--页面头部开始-->
10.   <!--页面头部结束-->
11.   <!--导航菜单开始-->
12.   <!--导航菜单结束-->
13.   <!--轮播图开始-->
14.   <!--轮播图结束-->
15.   <!--两列内容布局开始-->
16.   <!--两列内容布局结束-->
17.   <!--三列内容布局开始-->
18.   <!--三列内容布局结束-->
19.   <!--单列内容布局开始-->
20.   <!--单列内容布局结束-->
21.   <!--页面底部开始-->
22.   <!--页面底部结束-->
23.   </body>
24.   </html>
```

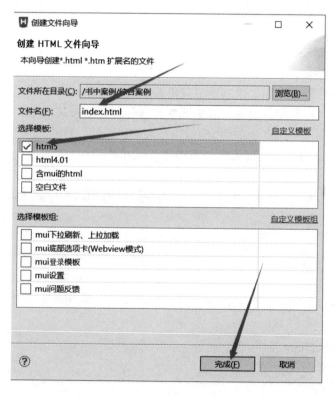

图 7-8　创建文件向导

　　在站点根目录下新建 css 和 img 文件夹，将图片素材放在 img 文件夹中，在 css 文件夹中新建 style. css 文件，该文件为 index. html 文件所需要的样式表。

1. 页面头部

```
1.  < div class = header >
2.  < div class = header _ top >
3.  < div class = "main pdx" > < span > 欢迎访问大学生服务中心 < /span >
4.  < /div >
5.  < /div >
6.  < div class = main >
7.  < a title = "" class = logo href = "#" > < img alt = "" src = "img/20170906160357_
68035. png" > < /a >
8.  < div class = tel >
9.     < p style = "COLOR:#000" > 联系电话: < /p >
10.    < p > 071412345678 < /p >
11. < /div >
12. < div class = topsearch >
13.    < input onfocus = "this. value = "" onblur = if (! value) {value = default-
Value} id = content    class = text value = 请输入搜索关键词 name = content >
14.    < input    type = hidden value = cn name = lang >
15.    < input type = hidden value = pc name = type > < input title = 搜索 class =
button type = submit value = 搜索 >
16. < /div >
17. < /div >
18. < /div >
```

样式表:

```
1.  . header {
2.      height:170px; width:100%; min-width:1004px
3.  }
4.  . header _ top {
5.      height:35px; width:100%; background:#f6f6f6; position:fixed; float:
left; text-align:left; z-index:999999; line-height:35px;width:100%;
6.  }
7.  . header _ top A {
8.      font-size:14px
9.  }
10. . logo {
11.     margin-top:50px; float:left; display:inline
12. }
13. . topsearch {
14.     width:380px; margin-top:95px; float:right
15. }
16. . tel {
```

17.　　　font-size:20px; font-family:arial, helvetica, sans-serif; width:160px; margin-top:50px; float:right; padding-top:0px

18. }

19. .search {

20.　　　height:40px; width:326px; position:relative; float:right; padding-top:10px; z-index:999; display:inline; line-height:22px

21. }

22. .text {

23.　　　border-top:#a8acad 1px solid; height:25px; border-right:#a8acad 1px solid; width:165px; background:#fff; border-bottom:#a8acad 1px solid; float:left; padding-left:5px; border-left:#a8acad 1px solid; line-height:25px; margin-right:3px; box-shadow:1px 2px 3px #ddd inset

24. }

25. .button {

26.　　　font-size:14px; height:28px; font-family:'microsoft yahei'; width:55px; background:#137a3d; float:left; color:#fff; text-align:center; margin-left:3px; display:inline; line-height:28px

27. }

浏览器中的显示效果如图7-9所示。

图7-9　页面头部效果

2. 导航菜单

导航菜单采用无序列表 < ul > 来实现一级菜单的制作，常用的写法如下：

1. < ul　class = nav >
2. < li >一级菜单 < /li >
3. < /ul >

如果一级菜单下面包含二级菜单，通常的写法如下：

1. < ul　class = nav >
2. < li >一级菜单
3. 　< ul >
4. 　　< li >二级菜单项 1 < /li >
5. 　　< li >二级菜单项 2 < /li >
6. 　　< li >二级菜单项 3 < /li >
7. 　< /ul >
8. < /li >
9. < /ul >

注意：需要将二级菜单嵌套到一级菜单的列表项中，剩下的工作就是改变导航菜单的样式。

本案例的导航菜单 HTML 结构代码如下：

```
1.  <div class =menu >
2.  <div class =nav _menu >
3.  <ul class =nav >
4.  <li class ="item" > <a href ="#" >网站首页 </a> </li>
5.  <li class ="item child"><a    href ="#? cn-article-2.html">中心动态 </a>
6.  <ul class =nav > <li class ="item" > <a  href ="#" >中心新闻 </a> </li>
</ul> </li>
7.  <li class ="item" > <a href ="#" >考试通知 </a>
8.  <ul class =nav >
9.  <li class ="item" > <a href ="#" >校内考试 </a> </li>
10. <li class ="item" > <a href ="#" >等级考试 </a> </li>
11. <li class ="item" > <a href ="#" >四六级考试 </a> </li>
12. <li class ="item" > <a href ="#" >其他考试 </a> </li>
13. </ul >
14. </li >
15. <li class ="item" > <a href ="#" >二手信息 </a> </li>
16. <li class ="item" > <a href ="#" >电脑诊所 </a> </li>
17. <li class ="item" > <a href ="#" >创新创业 </a> </li>
18. <li class ="item" > <a href ="#" >友情链接 </a> </li>
19. <li class ="item" > <a href ="#" >关于我们 </a>
20. </li >
21. </li >
22. <li class ="item" > <a href ="#" >学校首页 </a>
23. </li >
24. </ul >
25. </div >
26. </div >
```

样式：

```
1.  .menu {
2.     height:55px; width:100%; background:url(../img/menu.png) left top; po-
sition:relative; float:left; z-index:9; line-height:55px
3.  }
4.  .nav _menu {
5.     width:1004px; margin:0px auto; z-index:100
6.  }
7.  .nav {
8.     list-style-type:none; padding-bottom:0px; padding-top:0px; padding-left:
0px; margin:0px auto; padding-right:0px
9.  }
```

```
10. .nav a{
11.    font-size:14px; text-decoration:none; height:55px; width:100px; color:
#fff; text-align:center; display:block; line-height:55px
12. }
13. .nav a:hover {
14.    background:#3bc84c; color:#fff; display:block
15. }
16. .nav .item {
17.    height:55px; white-space:nowrap; float:left; padding-bottom:0px; text-
align:center; padding-top:0px; padding-left:0px; margin:0px; line-height:55px;
padding-right:0px
18. }
19. .nav .item:hover {
20.    position:relative
21. }
22. .nav .item:hover > .nav {
23.    display:block
24. }
25. .nav .nav {
26.    border-right:#4cab17 1px solid; background:#3bc84c; position:absolute;
text-align:left; left:0px; display:none; top:100%
27. }
28. .nav .indexgb {
29.    background:#3bc84c
30. }
31. .nav .nav a {
32.    width:200px; border-bottom:#4cab17 1px solid; text-align:left; padding-
left:20px
33. }
34. .nav .nav a:hover {
35.    background:#4cab17; color:#fff; text-align:left; display:block
36. }
37. .nav .nav .item {
38.    min-width:200px; clear:both
39. }
40. .nav .nav li.child {
41.    background:url(rightico.png) no-repeat 180px 20px
42. }
43. .nav .nav .nav {
44.    left:100%; top:0px
45. }
46. .nav .nav .nav .nav .nav .nav {
```

```
47. right:100%; left:auto
48. }
49. .navgb {
50. background:#d35255; display:block
51. }
```

在浏览器中的显示效果如图 7-10 所示。

图 7-10　导航菜单效果

3. 轮播图

HTML 结构代码如下:

```
1. <div id=full-screen-slider>
2. <ul id=slides>
3. <li style="background:url(img/20170907112846_14298.jpg) no-repeat center top"><a></a></li>
4. </ul>
5. </div>
```

CSS 样式如下:

```
1. #full-screen-slider {
2.    height:421px; width:100%; margin-top:-55px; position:relative; float:left; z-index:0
3. }
4. #slides {
5.    list-style-type:none; height:421px; width:100%; position:relative; padding-bottom:0px; padding-top:0px; padding-left:0px; margin:0px; z-index:1; display:block; padding-right:0px
6. }
7. #slides li {
8.    list-style-type:none; height:100%; width:100%; position:absolute; padding-bottom:0px; padding-top:0px; padding-left:0px; left:0px; margin:0px; z-index:0; display:block; padding-right:0px
9. }
10. #slides li a {
11.    height:421px; width:100%; float:left
12. }
```

在浏览器中的显示效果如图 7-11 所示。

图 7-11　轮播图效果

4. 两列内容布局

两列内容布局采用双 < div > 制,即外层的 < div > 套一个内层的 < div >。外层 < div > 的 width 为 100% , 内层 < div > 的 width 为 1000px（具体的宽度值）。然后对内层的 < div > 进一步细分, 插入两个 < div >。

```
1. .row {
2.     width:100%; background:#fff; float:left; padding-top:15px
3. }
4. .main {
5.     width:1000px; position:relative; clear:both; margin:0px auto;padding:0;
6. }
```

HTML 结构代码如下:

```
1. <div class = row >
2. <div class = main >
3. <div class = about >
4. …
5. </div>
6. <div class = news >
7. …
8. </div>
9. </div>
10. </div>
```

CSS 样式如下:

```
1. .title {
2.     margin-bottom: 28px; width: 100%; border-bottom: #137a3d 1px solid;
float:left;
3. }
4. .title span {
5.     font-size:18px; margin-bottom:-1px; font-family:'microsoft yahei';
min-width:74px; border-left:#137a3d 3px solid; position:relative; float:left;
line-height:25px;padding-left:5px;
6. }
7. .more {
```

```
8.     height:20px; width:74px; background:no-repeat right center; margin-top:
9px; float:right; color:#000; text-align:right; line-height:20px; padding-right:0px;
9. }
10. .title.fr {
11.     margin-top:17px
12. }
13. .title.fr font {
14.     font-size:12px; color:#4494cb
15. }
16. .time {
17.     overflow:hidden; float:left; color:#999; text-align:left
18. }
19. .left {
20.     height:186px; width:20px; float:left; display:inline
21. }
22. .right {
23.     height:186px; width:20px; float:left; display:inline
24. }
25. .left {
26.     background:url(left.gif) no-repeat center 84px
27. }
28. .right {
29.     background:url(right.gif) no-repeat center 84px; float:right
30. }
31. .about {
32.     width:470px; float:left
33. }
34. .abouttxt {
35.     padding-top:15px; line-height:22px
36. }
37. .news {
38.     overflow:hidden; height:325px; width:500px; float:right
39. }
40. .news li {
41.     margin-bottom:4px; width:500px; float:left; padding-bottom:11px; pad-
ding-top:13px; padding-left:0px; border-left:#fff 4px solid; padding-right:0px
42. }
43. .news li font {
44.     font-size:40px; font-family:arial, helvetica, sans-serif; width:68px;
float:left; color:#b4b4b4; text-align:center
45. }
46. .news_r {
```

```
47.    width:410px; float:left
48. }
49. .news_r p {
50.    width:410px; float:left
51. }
52. .news_r a {
53.    font-size:14px; overflow:hidden; margin-bottom:10px; font-family:'
microsoft yahei'; width: 323px; white-space: nowrap; text-overflow: ellipsis;
float:left; color:#000;
54. }
55. .news_r em {
56.    overflow:hidden; width:410px; white-space:nowrap; text-overflow:el-
lipsis; float:left; font-style:normal
57. }
58. .news li.cur {
59.    margin-bottom:14px; background:#e0f2ff; border-left:#a5d3f5 4px solid
60. }
61. .news li.cur font {
62.    color:#137a3d; text-shadow:0 1px 0 #abcfea
63. }
```

完整代码请查看本书的配套资源。

在浏览器中的运行效果如图 7-12 所示。

图 7-12　两列内容布局效果

5. 三列内容布局

三列内容布局比较简单，采用浮动等比例布局来实现即可，代码如下：

```
1. <div class = "main">
2.    <div style = "width:33%;float:left;"> <img src = "img/pic1.jpg"> </div>
3.    <div style = "width:33%;float:left;"> <img src = "img/pic2.jpg"> </div>
4.    <div style = "width:33%;float:left;"> <img src = "img/pic3.jpg"> </div>
5. </div>
```

在浏览器中的显示效果如图 7-13 所示。

6. 单列内容布局

这里的单列内容布局其实就是友情链接，实现起来也相当简单。

图 7-13　三列内容布局效果

```
1.  < div class = clear > </ div >
2.  < div class = flink >
3.  < div class = title >
4.  < div class = main > < span >友情链接</ span > </ div >
5.  </ div >
6.  < div class = main >
7.  < a  href = "#" >教育厅</ a >
8.  < a  href = "#" >理工学院</ a >
9.  </ div >
10. </ div >
11. < style >
12. . flink {
13.    width:100%; min-width:1000px; position:relative; float:left
14. }
15. . flink . title {
16.    margin:0px
17. }
18. . flink . main {
19.    height:38px; padding-top:20px
20. }
21. . flink a {
22.    float:left; display:inline; margin-right:14px
23. }
24. </ style >
```

在浏览器中的显示效果如图 7-14 所示。

友情链接

教育厅　理工学院

图 7-14　单列内容布局效果

7. 页面底部

页面底部布局一般要和头部首尾呼应，如果头部有宽度为 100% 的对象，底部也要与之对应，避免给人头重脚轻的感觉。具体代码请参考本书配套资源。效果如图 7-15 所示。

图 7-15　页面底部效果

【项目总结】

1. DIV + CSS 作为流行的布局方法，可实现网页代码的标准化，摒弃过时的表格布局方式，实现了内容、表现和行为这三者间的分离。

2. 布局按照列的数量有单列、双列、多列等，读者应该结合前面所学的基础知识，灵活运用合适的布局方案。

3. 编辑代码过程中多思考，多问几个为什么，掌握代码的前因后果，熟悉每种布局的思路和方法，有了思路和方法，设计起网页来就会得心应手。

4. 沉下心来，看别人写一万行代码不如自己动手写十行代码。多动手实践才是硬道理。项目是做出来的，不是等出来的。

【课后练习】

一、问答题

1. 网页布局的概念是什么？

2. 为什么不推荐采用表格 < table > 来布局？

3. 分列布局有几种类型？各类型之间有何区别和联系？

二、综合设计题

设计一个综合网页，要求具有单列、双列、三列布局，并具有导航菜单、图片轮播等效果。要求采用 DIV + CSS 来布局。

"菜鸟充电站" 响应式页面设计

【项目背景】

一转眼，大学一年级上学期的学习已经结束了。张小明同学经过前面项目的锻炼和经验积累已经具备了独立开发 Web 前端项目的能力。他决定利用寒假的时间去王叔叔的公司实习，进一步提高自己的能力和水平。有一天，公司接到了一个客户的项目。客户需要设计一个在线学习的网站，并且要求这个网站能够满足不同终端设备的浏览需求，即要求页面既可以在 PC 上正常浏览，也可以在各类 Pad 和手机上通过 URL 正常访问，并具有良好的用户体验。这不就是传说中的响应式页面设计吗？于是张小明决定研究一下响应式页面设计的相关知识，制作一个能够满足不同终端设备显示需要的响应式页面。他通过查阅资料和请教公司前辈得知，响应式页面设计必须掌握以下知识：

- 了解响应式页面设计的基本概念。
- 掌握视口和媒体查询的相关概念。
- 掌握流体布局和弹性布局的基本概念和基本方法。
- 了解 Bootstrap 框架的基本使用方法。

【任务8-1】 了解响应式页面设计

响应式页面设计（Responsive Web Design，RWD）的理念是：页面的设计与开发应当根据用户行为以及设备环境（系统平台、屏幕尺寸、屏幕定向等）进行相应的响应和调整。具体的实践方式由多方面组成，包括弹性网格和布局、自适应图片、CSS media query 的使用等。无论用户正在使用笔记本计算机还是 Pad，页面都应该能够自动切换分辨率、图片尺寸及相关脚本功能等，以适应不同设备。换句话说，页面应该有能力去自动响应用户的设备环境。响应式网页设计就是一个网站能够兼容多个设备终端，而不是为每个终端做一个特定的版本。这样就可以不必为不断到来的新设备做专门的版本设计和开发了。

如图 8-1 所示，在 PC 上将页面分为 3 栏，内容包括 A、B、C、D 这 4 个板块。在 Pad 上显示时，由于屏幕的分辨率和可

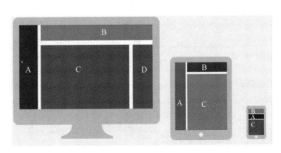

图 8-1　响应式页面设计原理

视区域减小了，因此取消了 D 板块的内容，将整个页面分为两栏排列。在手机上显示时，由于屏幕的分辨率和可视区域变得非常小，因此将页面变成一栏显示，这种做法可以保证页面在各个分辨率下都有很好的显示效果。

【任务8-2】 了解常用的 RWD 技术

1. 视口（Viewport）

视口是指浏览器上显示网页的一块区域，大小并不局限于浏览器可视区域范围，可能比此区域大，也可能小。PC 端与移动端视口差别较大。在 PC 端，视口宽度始终与浏览器窗口宽度一致，而移动端视口与浏览器窗口宽度是完全独立的。但是无论是在 PC 端还是移动端，有一点是相同的，那就是 < html > … </html > 元素的容器是视口，默认会在横向填充满整个视口。

1）PC 端视口：在 PC 端，视口大小就是浏览器窗口可视区域的大小。通过 window. innerWidth可以获取视口的宽度。

2）移动端视口：移动端视口的表现比较复杂。如果一个页面没有对移动端做优化，它的表现会类似于图 8-2。

图 8-2　使用手机访问新浪网首页

图 8-2 所示是新浪官网，没有针对移动端做任何优化。手机的屏幕能完整容纳下如此大的页面，不会出现滚动条，原因如下：移动端的屏幕分辨率通常比 PC 端要小得多，为了能够在移动端正常显示专门为 PC 端设计的页面，通常移动设备浏览器会将视口（Viewport）的宽度设置为 768~1024px，最为常见的是 980px，当然也可能是其他值，具体由浏览器决定。而且视口自行对页面进行了缩放，将网页内容尽可能容纳于浏览器窗口内。但缩放不是无限的，如果页面非常宽，也会出现横向滚动条。

狭义的视口包括了布局视口、视觉视口和理想视口。

1）布局视口（Layout Viewport）：布局视口定义了 PC 网页在移动端的默认布局行为，因为通常 PC 的分辨率较大，布局视口默认为 980px。也就是说在不设置网页的 Viewport 的情况下，PC 端的网页默认会以布局视口为基准在移动端进行展示。因此可以明显看出来，默认为布局视口时，根植于 PC 端的网页在移动端展示很模糊。

2）视觉视口（Visual Viewport）：视觉视口表示浏览器内看到的网站的显示区域，用户可以通过缩放来查看网页的显示内容，从而改变视觉视口。视觉视口的定义，就像拿着一个放大镜分别从不同距离观察同一个物体，视觉视口仅仅类似于放大镜中显示的内容，因此视觉视口不会影响布局视口的宽度和高度。

3）理想视口（Ideal Viewport）：全称为"理想的布局视口"，在移动设备中就是指设备的分辨率。换句话说，理想视口或者分辨率就是在给定设备物理像素情况下的最佳"布局视口"。

为了良好地显示网页的内容，浏览器会通过 Viewport 的默认缩放将网页等比例缩小。但是为了让用户能够看清楚设备中的内容，通常情况下，并不使用默认的 Viewport 进行展示，而是自定义配置视口的属性，使这个缩小比例更加适当。在 HTML5 中可以通过 < meta > 标签来配置视口的属性。

```
<meta name = "viewport" content = "width = device-width, initial-scale =1, min-
imum-scale =1, maximum-scale =1, user-scalable = no"/>
```

上述代码中，width = device-width 表示将视口的宽度设置成与设备可见视口的宽度相同，width 也可以设置成某个具体的宽度；initial-scale 用于设置初始缩放比例，取值为 0~10；maximum-scale 用于设置最大缩放比例，取值为 0~10；user-scalable 用来设置用户是否可以缩放，默认为 yes。

2. 媒体查询（Media Queries）

媒体查询是 CSS3 新增的特性。在 CSS3 规范中，媒体查询可以根据媒体、视口宽度、设备方向等差异来改变页面的显示方式。这种新特性对于设计响应式页面是非常有意义的。

下面用一个例子来说明媒体查询的实现方式及效果。这里设计一个页面，当它在 PC 端显示时，显示为一个背景为红色且居中放置的文本框，文本框左右边距为 100px，而在移动端显示时，需要让它显示为横向铺满的通栏。代码如 Demo8-1. html 所示。

```
1.  <!--Demo8-1.html-- >
2.  <!DOCTYPE html >
3.  <html >
4.     <head >
```

```
5.        <meta charset = "UTF-8">
6.        <meta name = "viewport" content = "user-scalable =no,
7. width =device-width,initial-scale =1,minimum-scale =1,
8. maximum-scale =1"/>
9.        <title>媒体查询</title>
10.       <style type = "text/css">
11.          body{font-family:"微软雅黑"; margin:0; padding:0;}
12.          .container{height:200px; line-height:200px; text-align:cen-
ter;}
13.          @media (min-width:480px ) and (max-width:767px){
14.             .container{background:lightgreen; margin:100px 0;}
15.          }
16.          @media (min-width:768px) and (max-width:1023px){
17.             .container{background:lightblue; margin:100px 50px;}
18.          }
19.          @media (min-width:1024px){
20.             .container{background:lightpink; margin:100px 100px;}
21.          }
22.       </style>
23.    </head>
24.    <body>
25.       <div class ="container">
26.             这是我的第一个响应式页面
27.       </div>
28.    </body>
29. </html>
```

浏览器预览效果如图 8-3 ~ 图 8-5 所示。

在 Demo8-1. html 中，设定了当屏幕大于 480px，小于 768px 时（如常用的手机屏幕），<div>的背景为浅绿色，且为横向铺满的通栏；当屏幕大于 768px，小于 1024px 时（如常用的平板计算机等设备屏幕），<div>的背景颜色为浅蓝色，且<div>的左、右边距均为 50px；当屏幕大于 1024px 时（对应普通的 PC 屏幕），<div>的背景颜色为浅粉色，且<div>的左、右边距均为 100px。从这个例子不难发现，只要事先编写好移动端屏幕的大小范围，并在对应的范围内加入相应的样式，即可实现一套前端代码在多设备上显示不同的样式效果。这样一来，人们就无须为移动端专门编写 HTML 元素或者重新制作一个前端页面。

3. 流体布局（Fluid Layout）

由于媒体查询只能针对某几个特定阶段的视口，在捕捉到下一视口前，页面的布局是不会随着视口的变化而自动发生变化的。所以必须找到一种灵活的页面布局方式，使得页面能够自动适应视口的微小变化，同时也能够适应更多的设备。

流体布局就能够很好地实现这一效果。流体布局是相对于固定布局来讲的，即在布局的时候，网页中的各个元素不以固定的像素为单位，而是尽可能地采用百分比来布局，代码如 Demo8-2. html 所示。

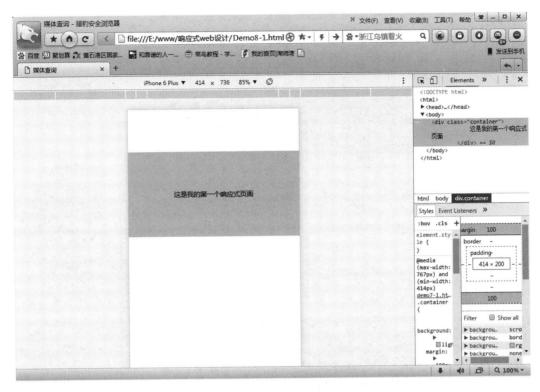

图 8-3　手机预览效果

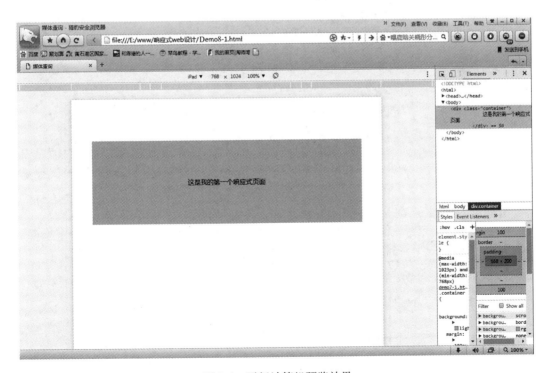

图 8-4　平板计算机预览效果

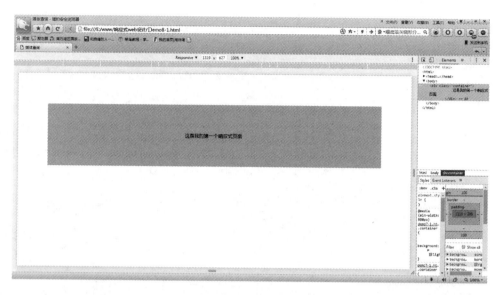

图 8-5　PC 预览效果

```
1.  <!--Demo8-2.html-->
2.  <!DOCTYPE html>
3.  <html>
4.    <head>
5.      <meta charset="UTF-8">
6.      <title>流体布局</title>
7.      <style type="text/css">
8.        body{font-family:"微软雅黑"; margin:0; padding:20px;}
9.        body>*{border:1px solid #333333;}
10.       header{height:80px;}
11.       nav{height:40px;}
12.       section{height:300px;}
13.       aside{float:left; height:100%; width:30%; background:#ddd;}
14.       article{float:left; height:100%; width:70%; background:#eee;}
15.       footer{height:80px;}
16.     </style>
17.   </head>
18.   <body>
19.     <header>
20.       流体布局实例
21.     </header>
22.     <nav>
23.       导航栏
24.     </nav>
25.     <section>
```

```
26.        <aside>侧边栏</aside>
27.        <article>文章</article>
28.     </section>
29.     <footer>页脚</footer>
30.   </body>
31. </html>
```

用浏览器全屏预览，效果如图8-6所示。

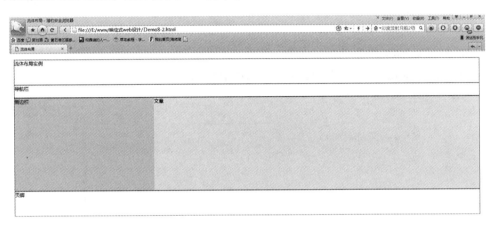

图 8-6 流体布局页面全屏预览效果

当使用窗口模式浏览时，网页会随着窗口的变化等比例缩小或放大，预览效果如图8-7所示。

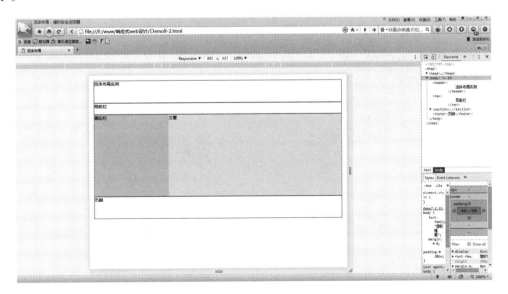

图 8-7 流体布局页面窗口预览效果

通过 Demo8-2. html 可以清楚地看到，当页面中的元素宽度采用百分比的形式来设定时，页面中的内容可以根据窗口的大小按比例自动调整。

4. 弹性布局（Flex）

弹性布局指的是通过设置页面元素为弹性盒子（Flexible Box），使其具有弹性盒子的特性，从而实现一种灵活布局的方法。采用 Flex 布局的元素，称为 Flex 容器（Flex Container），简称"容器"。它的所有子元素自动成为容器成员，称为 Flex 项目（Flex Item），简称"项目"。任何一个容器都可以指定为 Flex 布局。

容器默认存在两根轴：水平的主轴（Main Axis）和垂直的交叉轴（Cross Axis）。主轴的开始位置（与边框的交叉点）称为 Main Start，结束位置称为 Main End；交叉轴的开始位置称为 Cross Start，结束位置称为 Cross End。

项目默认沿主轴排列。单个项目占据的主轴空间称为 Main Size，占据的交叉轴空间称为 Cross Size，具体如图 8-8 所示。

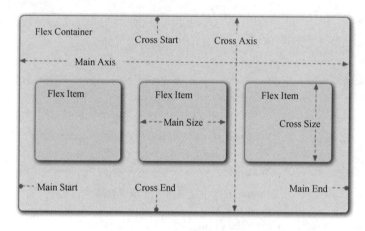

图 8-8　Flex 容器主轴和交叉轴

Flex 有 6 个基本属性，其属性取值、图解和解释如表 8-1 所示。

表 8-1　弹性盒子基本属性的取值、图解和解释

属性	属性取值	属性图解和属性解释
flex-direction	row	主轴为水平方向，起点在左端
	row-revers	主轴为水平方向，起点在右端

（续）

属性	属性取值	属性图解和属性解释
flex-direction	column	主轴为垂直方向，起点在上端
	column-reverse	主轴为垂直方向，起点在下端
flex-wrap （默认情况下，项目都排在一条线（又称"轴线"）上。flex-wrap属性定义当一条轴线排不下时如何换行）	nowrap	不换行（默认值）
	wrap	换行，第一行在上方
	wrap-reverse	换行，第一行在下方
flex-flow （该属性是flex-direction属性和flex-wrap属性的简写形式，默认值为row nowrap）	.box ｛flex-flow： ＜flex-direction＞‖ ＜flex-wrap＞；｝ 默认值为 row nowrap	属性图解和解释见flex-direction和flex-wrap

（续）

属性	属性取值	属性图解和属性解释
justify-content （该属性定义了项目在主轴上的对齐方式）	flex-start	 左对齐
	flex-end	 右对齐
	center	 居中对齐
	space-between	 两端对齐，项目之间的间隔都相等
	space-around	 每个项目两侧的间隔相等。所以，项目之间的间隔比项目与边框的间隔大一倍
align-items （定义项目在交叉轴上如何对齐。具体的对齐方式与交叉轴的方向有关，这里假设交叉轴从上到下）	flex-start	 交叉轴的起点对齐
	flex-end	 交叉轴的终点对齐
	center	 交叉轴的中点对齐
	baseline	 项目第一行文字的基线对齐
	stretch	 如果项目未设置高度或设置为auto，将占满整个容器的高度（默认值）

（续）

属性	属性取值	属性图解和属性解释
align-content （定义了多根轴线的对齐方式。如果项目只有一根轴线，该属性不起作用）	flex-start	 与交叉轴的起点对齐
	flex-end	 与交叉轴的终点对齐
	center	 与交叉轴的中点对齐
	space-between	 与交叉轴两端对齐，轴线之间的间隔平均分布
	space-around	 每根轴线两侧的间隔都相等。所以，轴线之间的间隔比轴线与边框的间隔大一倍
	stretch	 轴线占满整个交叉轴（默认值）

Flex 的 item 的属性及解释如表 8-2 所示。

表 8-2　Flex 的 item 的属性及解释

属性	解释

order	定义项目的排列顺序。数值越小，排列越靠前，默认为 0
	样例：
	.item {
	  order: <integer>;
	}

（续）

属性	解释

flex-grow	定义项目的放大比例，默认为 0，即如果存在剩余空间，也不放大
	样例：
	.item {
	  flex-grow：< number >；/ * default 0 * /
	}
	
	如果所有项目的 flex-grow 属性都为 1，则它们将等分剩余空间（如果有）。如果一个项目的 flex-grow 属性为 2，其他项目都为 1，则前者占据的剩余空间将比其他项大一倍

flex-shrink	定义了项目的缩小比例，默认为 1，即如果空间不足，该项目将缩小 如果所有项目的 flex-shrink 属性都为 1，当空间不足时，都将等比例缩小。如果一个项目的 flex-shrink 属性为 0，其他项目都为 1，则空间不足时，前者不缩小

flex-basis	定义了在分配多余空间之前项目占据的主轴空间（Main Size）。浏览器根据这个属性计算主轴是否有多余空间。它的默认值为 auto，即项目的本来大小
	样例：
	.item {
	  flex-basis：< length > ∣ auto；/ * default auto * /
	}
	它可以设置为与 width 或 height 属性一样的值（如 350px），则项目将占据固定空间

flex	flex 属性是 flex-grow、flex-shrink 和 flex-basis 的简写，默认值分别为 0、1、auto。后两个属性可选
	样例：
	.item {
	  flex：none ∣ [< 'flex-grow' > < 'flex-shrink' > ? ‖ < 'flex-basis' >]
	}

align-self	允许单个项目有与其他项目不一样的对齐方式，可覆盖 align-items 属性。默认值为 auto，表示继承父元素的 align-items 属性，如果没有父元素，则等同于 stretc auto ∣ flex-start ∣ flex-end ∣ center ∣ baseline ∣ stretch 除了 auto，其他都与 align-items 属性完全一致

下面用 Demo8-3.html 来说明弹性布局的实现方法。

```
1.  <!--Demo8-3.html-->
2.  <!DOCTYPE html>
3.  <html>
4.     <head>
5.        <meta charset="UTF-8">
6.        <title>弹性布局</title>
7.        <style>
8.           .wrapper{display:flex;flex-flow:row wrap;font-weight:bold;text-
align:center;}
9.           .wrapper>*{padding:10px;flex:1 100%}    /*让所有灵活的项目都带有相
同的长度*/
10.          .header{background:lightcoral;}
11.          .footer{background:lightblue;}
12.          .main{text-align:left;background:lightpink;}
13.          .aside-1{background:lightyellow;}
14.          .aside-2{background:lightsalmon;}
15.          @media all and (min-width:768px){
16.          .aside{flex:1;}    /*重新定义aside和main这两个类的flex属性,使其按照
比例在一行显示*/
17.          .main{flex:2; order:2; }    /*用整数值来定义排列顺序,数值小的排在前面*/
18.          .aside-1{order:1;}
19.          .aside-2{order:3;}
20.          .footer{order:4;}
21.          }
22.  </style>
23.     </head>
24.     <body>
25.        <div class="wrapper">
26.           <div class="header">Header</div>
27.           <div class="main">
28.              <p>弹性布局指的是通过设置页面元素为弹性盒子(Flexible Box),使其
具有弹性盒子的特性,从而实现一种灵活布局的方法。</p>
29.           </div>
30.           <div class="aside aside-1">Aside 1</div>
31.           <div class="aside aside-2">Aside 2</div>
32.           <div class="footer">Footer</div>
33.        </div>
34.     </body>
35.  </html>
```

用手机和平板计算机浏览Demo8-3.html,效果如图8-9和图8-10所示。

在Demo8-3.html中,将最外层的<div>(wrapper)设置成弹性盒子,将wrapper里面的项目的flex属性设置为1 100%,这就使得wrapper中所有的子项目全部通屏显示。同时,

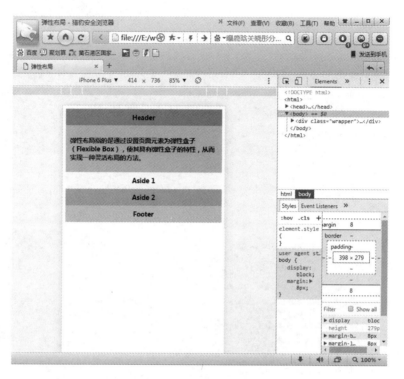

图 8-9　Demo8-3. html 页面的手机运行效果

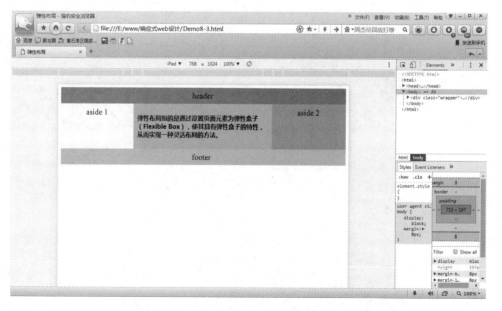

图 8-10　Demo8-3. html 页面的平板计算机运行效果

为页面添加媒体查询样式，使得页面在视口大于或等于 768px 时，重新设置 main 和 aside 1、aside 2 这 3 个项目的 flex 属性，使其按照 2∶1∶1 的比例在一行显示，并且通过 order 属性来设置项目的显示顺序。

5. Bootstrap 框架

随着 Web 应用变得越来越复杂，在大量的开发过程中会发现有许多功能模块非常相似，如轮播图、分页、选项卡、导航栏等，开发中往往会把这些具有通用性的功能模块进行一系列封装，使之成为一个组件应用到项目中，可以极大地节约开发成本，将这些通用的组件缩合到一起就形成了前端框架。

Bootstrap 来自 Twitter，是目前世界上受众最广也是最受欢迎的 Web 前端框架之一，用于开发响应式布局、移动设备优先的 Web 项目。它基于 HTML5 和 CSS3 开发，在 jQuery 的基础上进行了更为个性化和人性化的完善，形成一套自己独有的网站风格，并兼容大部分 jQuery 插件。由于它简洁、直观，因此使 Web 开发更加迅速、简单。

读者可以从 http://getbootstrap.com/ 上下载 Bootstrap 的新版本。单击这个链接，会看到图 8-11 所示的网页。

图 8-11　Bootstrap 下载页面

单击 Download Bootstrap 按钮，可以下载 Bootstrap CSS、JavaScript 和字体预编译的压缩版本。

在 HTML 中使用 Bootstrap，需要先引入 jquery.js、bootstrap.min.js 和 bootstrap.min.css 文件。

Bootstrap 提供了一套响应式、移动设备优先的流式栅格系统，随着屏幕或视口（Viewport）尺寸的增加，系统会自动分为最多 12 列。栅格系统用于通过一系列的行（row）与列（column）的组合来创建页面布局，可以将内容放入这些创建好的布局中。行（row）必须包含在布局容器 .container（固定宽度）或 .container-fluid（100% 宽度）中，以便为其设置合适的排列和内边距。内容应当放置于列（column）内，并且只有列（column）可以作为行（row）的直接子元素。

在响应式方面，Bootstrap 提供了一套辅助工具类。使用这些工具类可以通过媒体查询，实现内容在设备上的显示和隐藏，如表 8-3 所示。

表 8-3 Bootstrap 响应式辅助工具类

辅助类	超小屏幕 手机 （<768px）	小屏幕 平板 （≥768px）	中等屏幕 桌面 （≥992px）	大屏幕 桌面 （≥1200px）
.-xs-*	可见	隐藏	隐藏	隐藏
.-sm-*	隐藏	可见	隐藏	隐藏
.-md-*	隐藏	隐藏	可见	隐藏
.-lg-*	隐藏	隐藏	隐藏	可见

下面通过一个案例来讲解 Bootstrap 的引用方式和使用方法。代码如 Demo8-4.html 所示。

```html
1.  <!--Demo8-4.html-->
2.  <!DOCTYPE html>
3.  <html>
4.    <head>
5.      <meta charset="UTF-8">
6.      <meta name="viewport" content="width=device-width, initial-scale=1">
7.      <title>Bootstrap 实例</title>
8.      <link rel="/css/bootstrap.min.css">
9.      <script src="/js/jquery.min.js"></script>
10.     <script src="/js/bootstrap.min.js"></script>
11. </head>
12. <body>
13. <div class="container">
14.   <div class="jumbotron">
15.     <h1>我的第一个 Bootstrap 页面</h1>
16.   </div>
17.   <div class="row">
18.     <div class="col-xs-12 col-sm-6 col-md-3">
19.       <h3>第一列</h3>
20.       <p>Bootstrap 是目前世界上受众最广也是最受欢迎的 Web 前端框架。</p>
21.     </div>
22.     <div class="col-xs-12 col-sm-6 col-md-3">
23.       <h3>第二列</h3>
24.       <p>只要您具备 HTML 和 CSS 的基础知识,您就可以开始学习 Bootstrap。</p>
25.     </div>
26.     <div class="col-xs-12 col-sm-6 col-md-3">
27.       <h3>第三列</h3>
28.       <p>Bootstrap 的响应式 CSS 能够自适应于台式机、平板计算机和手机。</p>
29.     </div>
30.     <div class="col-xs-12 col-sm-6 col-md-3">
```

```
31.            <h3 >第四列 </h3 >
32.            <p >它为开发人员创建接口提供了一个简洁统一的解决方案。并且它是开源的。
</p >
33.        </div >
34.      </div >
35.    </div >
36. </body >
37. </html >
```

图 8-12 ~ 图 8-14 所示为 Demo8-4. html 页面的 iPhone6 Plus 手机、平板计算机、PC 浏览效果。

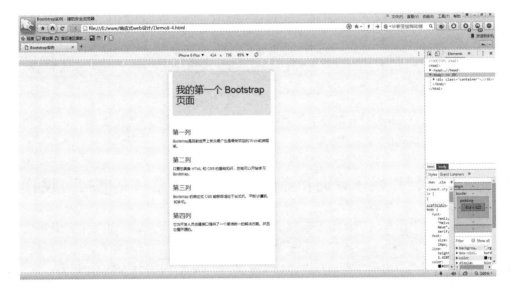

图 8-12　Demo8-4. html 页面的 iPhone6 Plus 手机浏览效果

图 8-13　Demo8-4. html 页面的平板计算机浏览效果

图 8-14　Demo8-4. html 页面的 PC 浏览效果

从案例 Demo8-4. html 中不难看出，通过 Bootstrap 框架的响应式辅助类，可以很轻松地通过媒体查询实现页面的响应式效果。

【任务8-3】　使用媒体查询和弹性布局实现"菜鸟充电站"设计

有了前面的知识作为铺垫，接下来对这个项目进行分析。这个页面整体采用弹性布局，使其能够自动适应屏幕大小的变化。但是如果要适应不同大小的设备屏幕，还必须使用媒体查询来实现。因此，采用弹性布局和媒体查询来共同实现这个项目的响应式效果。

页面从上到下分别由 header、nav、banner、article 和 footer 这 5 个部分组成。页面的响应式细节分析如下。

header、nav 和 footer 这 3 个部分为通屏显示，宽度设置为 100%。

banner 和 article 部分的左、右分别留出 100px 的边距，同时通过媒体查询使得屏幕宽度小于 1024px 时，边距为 50px；屏幕宽度小于 768px 时，banner 和 article 部分的宽度也充满整个屏幕。

article 部分采用弹性布局，子项目从左到右依次等宽排列，并通过媒体查询设置列数，当屏幕宽度大于 1024px 时分四列排列；当屏幕宽度位于 768 ~1024px 之间时分两列排列；当屏幕宽度小于 768px 时，每个子项目都设置成全屏排列，并将标题居中。

footer 中的快速连接部分也采用弹性布局，采用 DL 实现，并通过媒体查询设置，当屏幕宽度小于 768px 时，只显示子项目的标题，不显示子项目的具体内容。并且将 footer 中 hr 的宽度也设置成全屏。

页面在 PC 浏览器中实现的效果如图 8-15 所示。

页面在平板计算机和手机中预览的效果分别如图 8-16 和图 8-17 所示。

页面 Index. html 文件代码如下：

图 8-15 "菜鸟充电站"首页的 PC 浏览效果

图 8-16 "菜鸟充电站"首页的平板计算机浏览效果

图 8-17 "菜鸟充电站"首页的手机浏览效果

```
1.  <!--Index.html-->
2.  <!DOCTYPE html>
3.  <html>
4.  <head>
5.  <meta charset="UTF-8"/>
6.  <meta name="viewport" content="width=device-width,initial-scale=1,
minimum-scale=1,maximum-scale=1,user-scalable=no"/>
7.  <title>菜鸟充电站</title>
8.  <link rel="stylesheet" type="text/css" href="css/style.css"/>
9.  </head>
10. <body>
11. <header><img src="img/logo.png"/></header>
12. <nav>
13. <a href="#">Web前端</a>
14. <a href="#">服务器端</a>
15. <a href="#">数据库</a>
16. <a href="#">移动端</a>
17. <a href="#">Web Services</a>
18. </nav>
19. <div class="banner">
20. <span class="banner-title">全栈工程师,从这里开始!</span>
21. </div>
22. <article>
23. <div class="item">
24. <img src="img/HTML.jpg"/>
25. <span><a href="#" class="title">HTML 教程-(HTML5 标准)</a>
26. <p>超文本标记语言(HTML)是一种用于创建网页的标准标记语言。在本教程中,您将学习
如何使用 HTML 来创建站点。HTML 很容易学习!相信您能很快学会它!</p>
27. </div>
28. <div class="item">
29. <img src="img/js.jpg"/>
30. <span><a href="#" class="title">JavaScript 基础教程</a>
31. <p>JavaScript 是 Web 的编程语言。本教程将教你学习从初级到高级 JavaScript 知
识。</p>
32. </div>
33. <div class="item">
34. <img src="img/jQuery.jpg"/>
35. <span><a href="#" class="title">jQuery 入门教程</a>
36. <p>jQuery 是一个 JavaScript 库。jQuery 极大地简化了 JavaScript 编程。在本教
程中,您将通过教程以及许多在线实例,学到如何通过使用 jQuery 应用 JavaScript 效果。</p>
37. </div>
38. <div class="item">
```

```
39. < img src = "img/bootstrap.jpg"/>
40. < a href = "#" class = "title">Bootstrap 初级教程 </a>
41.    < p >Bootstrap,来自 Twitter,是目前最受欢迎的前端框架。Bootstrap 是基于 HTML、
CSS、JavaScript 的,它简洁灵活,使得 Web 开发更加快捷。</p>
42. </div>
43. </article>
44. < footer >
45. < div class = "flink" >
46. < dl >
47. < dt > < a href = "#" >参考手册 </a> </dt>
48. < dd > < a href = "#" >HTML/HTML5 标签 </a> </dd>
49. < dd > < a href = "#" >CSS1/2/3 </a> </dd>
50. < dd > < a href = "#" >JavaScript </a> </dd>
51. < dd > < a href = "#" >HTML DOM </a> </dd>
52. </dl>
53. < dl >
54. < dt > < a href = "#" >实例更新 </a> </dt>
55. < dd > < a href = "#" >HTML5 实例 </a> </dd>
56. < dd > < a href = "#" >CSS3 实例 </a> </dd>
57. < dd > < a href = "#" >JQuery 实例 </a> </dd>
58. </dl>
59. < dl >
60. < dt > < a href = "#" >常用工具 </a> </dt>
61. < dd > < a href = "#" >压缩工具 </a> </dd>
62. < dd > < a href = "#" >图像处理 </a> </dd>
63. < dd > < a href = "#" >编译工具 </a> </dd>
64. < dd > < a href = "#" >拾色工具 </a> </dd>
65. </dl>
66. < dl >
67. < dt > < a href = "#" >站点信息 </a> </dt>
68. < dd > < a href = "#" >意见反馈 </a> </dd>
69. < dd > < a href = "#" >合作联系 </a> </dd>
70. < dd > < a href = "#" >免责声明 </a> </dd>
71. < dd > < a href = "#" >关于我们 </a> </dd>
72. </dl>
73. </div>
74. < hr/>
75. < p >Copyright © 2019 理工之芯工作室    保留所有权利。</p>
76. </footer>
77. </body>
78. </html>
```

CSS 样式表代码（style.css 文件）：

```
1.  *{margin:0; padding:0; font-family:"微软雅黑"; list-style:none; color:#333;}
2.  a{text-decoration:none;}
3.
4.  header{background:#666; height:4em; padding:1em 0; text-align:center;}
5.  header img{height:100%; width:auto;}
6.
7.  nav{background:#333; text-align:center;}
8.  nav a{display:inline-block; font-size:1em; color:#FFFFFF; height:3em;
line-height:3em; padding:0 2em;}
9.  nav a:hover{color:#333; background:#EEEEEE;}
10.
11. .banner{min-height:400px; margin:10px 100px; background:url(../img/ban-
ner.jpg) center center no-repeat; background-size:100%; position:relative;}
12. .banner-title{position:absolute; right:100px; top:100px; font-size:2em;
color:#fff;}
13. article { margin:10px 100px; display:flex; flex-flow:row wrap; justify-
content:space-between;}
14. article.item{width:24%;}
15. article.item img{width:100%;}
16. article.item.title{font-weight:bolder; margin:0.5em 0;}
17. article.item p{text-align:left; font-size:smaller; color:#666; text-in-
dent:2em;}
18. article a{color:#000;}
19.
20. footer{background:#333; text-align:center;}
21. footer.flink{padding:1em 0; display:flex; flex-direction:row; justify-
content:center;}
22. footer dl{margin:0 2em; width:10em;}
23. footer dt,footer dd{line-height:2em;}
24. footer dt a{color:#eee; font-weight:bold;}
25. footer dd a{color:#666;}
26. footer a:hover{color:#fff;}
27. footer hr{height:0; border:0; border-top:1px solid #ccc; margin:0 100px;}
28. footer p{line-height:4em; color:#ccc;}
29.
30. @media (max-width:1023px) {
31.     header{height:3em; padding:1em 0; }
32.     .banner{margin:1em 3em;}
33.     .banner-title{font-size:1.5em;}
34.     nav a{font-size:0.9em; margin:0 1em;}
35.     article{margin:1em 3em;}
36.     article.item{width:48%; margin:0.5em 0 1em;}
```

```
37.    footer hr{margin:0 2em;}
38.  }
39.
40.  @media (max-width:767px) {
41.    nav {height:2.5em; line-height:2.5em;}
42.    nav a{font-size:0.8em; margin:0; padding:0 1em;}
43.    .banner{margin:0; min-height:250px; text-align:center;}
44.    article{margin:0;}
45.    article.item{flex-grow:1;width:100%; margin:0.5em 0 1em; text-align:
center;}
46.    footer{font-size:0.9em;}
47.    footer dl{margin:0;}
48.    footer.flink dd{display:none;}
49.    footer hr{margin:0;}
```

【项目总结】

1. 本项目通过媒体查询和弹性布局来实现网页的响应式显示效果，项目既是对前面项目所学内容的一个很好的概括，也提供了一种面向不同终端设备 Web 开发的解决方案，页面具有很好的可读性和可扩展性。请读者通过案例深入理解媒体查询和弹性布局的相关内容，并灵活运用。

2. Bootstrap 框架是目前最受欢迎的前端框架，是一个基于 HTML、CSS、JavaScript 的轻量级 Web 开发方案，它简洁灵活，使得响应式 Web 开发更加快捷。本章仅对其进行了简单介绍，起到抛砖引玉的作用，希望读者多加了解和练习。

3. 响应式页面布局不仅是一种跨终端的网页开发技术，还颠覆了之前网页设计的思想。其涉及的内容和技术很多，技术更新也非常迅速，特别是越来越多的响应式前端框架也使页面开发变得更为简单和有趣。感兴趣的读者可以查阅相关网站和资料进一步学习。

【课后练习】

一、填空题

1. 在 CSS3 规范中，媒体查询可以根据_____、_____、_____等差异来改变页面的显示方式。

2. 弹性布局指的是通过设置页面元素为_____，使其具有弹性盒子的特性，从而实现一种灵活布局的方法。

3. 流体布局时，网页中的各个元素不以固定的像素为单位，而是尽可能地采用_____来布局。

4. 在 PC 端，视口大小就是浏览器窗口可视区域的大小。通过_____可以获取视口的宽度。

5. 弹性盒子属性中，justify-content 定义了项目在_____的对齐方式。

二、简答题

1. 什么是响应式页面设计？

2. 常用的响应式页面设计技术有哪些？

三、程序题

请使用弹性布局和媒体查询实现一个简易的私人相册响应式页面。

参 考 文 献

[1] 莫振杰. HTML CSS JavaScript 基础教程 [M]. 北京：人民邮电出版社，2017.

[2] Robson E，Freeman E. Head First HTML 与 CSS [M]. 徐阳，丁小峰，等译. 2 版. 北京：中国电力出版社，2013.

[3] 明日科技. HTML + CSS + JavaScript 编程从入门到精通 [M]. 北京：电子工业出版社，2019.

[4] 储久良. Web 前端开发技术 [M]. 3 版. 北京：清华大学出版社，2018.

[5] 莫小梅，毛卫英. 网页设计与 Web 前端开发案例教程 [M]. 3 版. 北京：清华大学出版社，2019.

[6] 张树明. Web 前端设计基础 [M]. 北京：清华大学出版社，2017.

[7] 阮晓龙. Web 前端开发从学到用完美实践 [M]. 2 版. 北京：中国水利水电出版社，2018.

[8] 传智播客高教产品研发部. HTML + CSS + JavaScript 网页制作案例教程 [M]. 北京：人民邮电出版社，2016.

[9] 胡晓霞. HTML + CSS + JavaScript 网页设计从入门到精通 [M]. 北京：清华大学出版社，2017.

[10] 张鑫旭. CSS 世界 [M]. 北京：人民邮电出版社，2017.

[11] MEYER E A，WEYL E. CSS 权威指南 [M]. 安道，译. 4 版. 北京：中国电力出版社，2019.

[12] 未来科技. Bootstrap 实战从入门到精通 [M]. 北京：中国水利水电出版社，2017.

[13] 唐四薪. HTML5 + CSS3 Web 前端开发 [M]. 北京：清华大学出版社，2018.